"十四五"职业教育国家规划教材

供中等职业教育护理、药剂、中医、医学检验技术、康复技术、口腔修复工艺、医学影像技术等专业使用

生物化学基础

（第 2 版）

主　编　赵勋麓　莫小卫

副主编　柳晓燕　高宝珍　朱荣富

编　者（按姓氏汉语拼音排序）

程燕飞　安徽省淮南卫生学校

高宝珍　太原市卫生学校

李玉梅　山东省青岛第二卫生学校

柳晓燕　安徽省淮南卫生学校

莫小卫　梧州市卫生学校

孙江山　重庆市医药卫生学校

赵勋麓　广西医科大学护理学院附设护士学校

朱荣富　广西医科大学附设玉林卫生学校

科学出版社

北京

内 容 简 介

本教材主要阐述人体生物大分子的结构与组成、物质代谢过程中的基本理论。本教材结合培养目标与学生特点，在内容安排上力求做到"必须"与"够用"，以深入浅出、化繁为简、化难为易、图文并茂为其特点，突出重点，化解难点，加入案例、链接、医者仁心、考点、自测题等多样化穿插模块，以增强其知识性、启发性、针对性、适用性、可读性和实用性，并简要介绍了生物化学研究的新成果、新发现、新进展，以提升学生的职业能力与可持续发展能力。

本教材可供中等职业教育护理、药剂、中医、医学检验技术、康复技术、口腔修复工艺、医学影像技术等专业学生使用。

图书在版编目（CIP）数据

生物化学基础 / 赵勋麟，莫小卫主编 . —2 版 . —北京：科学出版社，2024.1

"十四五"职业教育国家规划教材

ISBN 978-7-03-077965-6

Ⅰ.①生… Ⅱ.①赵… ②莫… Ⅲ.①生物化学 – 高等职业教育 – 教材 Ⅳ.① Q5

中国国家版本馆 CIP 数据核字（2024）第 001357 号

责任编辑：王昊敏 / 责任校对：周思梦
责任印制：赵 博 / 封面设计：涿州锦晖

科学出版社 出版

北京东黄城根北街16号

邮政编码：100717

http://www.sciencep.com

保定市中画美凯印刷有限公司印刷

科学出版社发行 各地新华书店经销

*

2016年12月第 一 版 开本：850×1168 1/16
2024年 1 月第 二 版 印张：9
2025年 8 月第十一次印刷 字数：230 000

定价：39.80元

（如有印装质量问题，我社负责调换）

前　言

党的二十大报告指出："人民健康是民族昌盛和国家强盛的重要标志。把保障人民健康放在优先发展的战略位置，完善人民健康促进政策。"贯彻落实党的二十大决策部署，积极推动健康事业发展，离不开人才队伍建设。党的二十大报告指出："培养造就大批德才兼备的高素质人才，是国家和民族长远发展大计。"教材是教学内容的重要载体，是教学的重要依据、培养人才的重要保障。本次教材修订旨在贯彻党的二十大报告精神和党的教育方针，落实立德树人根本任务，坚持为党育人、为国育才。

本教材根据中等职业教育护理及其他医学相关专业现行版教学标准编写，结合中等职业学校培养目标和学生特点，以生物化学基础内容为中心，密切联系临床护理实践与国家护士执业资格考试，将案例教学法融入教材编写，突显数字化课程建设核心特色，为学生学习后续课程奠定必需的生物化学基础。本教材融传授知识、培养能力、提高素质为一体，注重职业教育人才德能并重、知行合一和崇高的职业精神的培养，重视培养学生的创新能力、获取信息、解决问题的能力及终身学习的能力。

本教材共计 12 章。第 1 章绪论概括介绍了生物化学发展简史、主要研究内容及与医学的关系。第 2 ～ 4 章分别阐述了蛋白质、核酸、酶及维生素的结构与功能。第 5 ～ 8 章叙述糖、脂类、氨基酸的代谢概况及物质分解代谢过程中能量产生的方式和过程。第 9 章讲述核苷酸代谢与遗传信息的传递。第 10 ～ 12 章分别阐述了与临床医学密切相关的肝脏生物化学、水与无机盐代谢、酸碱平衡的内容。本教材适用于中等职业教育护理、药剂、中医、医学检验技术、康复技术、口腔修复工艺、医学影像技术等专业学生使用。

本教材的数字化教学资源按照教材章节的顺序制作而成，主要包括各章教学课件、案例分析等，供教师教学和学生学习时选用。

本教材在编写和出版过程中，全体参编人员都付出了最大努力。但由于编者水平有限，教材中可能存在不足之处，敬请广大读者提出宝贵意见。

赵勋麓　莫小卫

2023 年 6 月

配 套 资 源

欢迎登录"中科云教育"平台，**免费**数字化课程等你来！

本教材配有图片、视频、音频、动画、题库、PPT课件等数字化资源，持续更新，欢迎选用！

"中科云教育"平台数字化课程登录路径

电脑端

- ▶ 第一步：打开网址 http://www.coursegate.cn/short/F98ZW.action
- ▶ 第二步：注册、登录
- ▶ 第三步：点击上方导航栏"课程"，在右侧搜索栏搜索对应课程，开始学习

手机端

- ▶ 第一步：打开微信"扫一扫"，扫描下方二维码

- ▶ 第二步：注册、登录
- ▶ 第三步：用微信扫描上方二维码，进入课程，开始学习

PPT课件：请在数字化课程各章节里下载！

目　　录

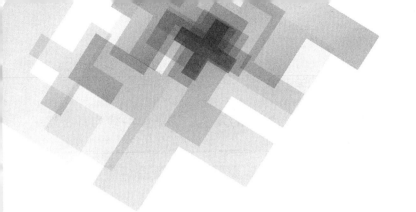

第 1 章
绪 论

一、生物化学的概念

生物化学是用化学的原理和方法，研究生命现象的学科，即生命的化学，简称生化，是生命科学及医学的重要组成部分。生物化学通过研究生物体的化学组成、代谢、营养、酶功能、遗传信息传递、生物膜、细胞结构和生物大分子的结构与功能等，阐明生命现象。生物化学的研究对象是生物体，而医学生物化学的研究对象是人体。

考点 生物化学的概念

二、生物化学发展史简介

生物化学是 20 世纪初作为一门独立的学科发展起来的，其发展过程大致可分为三个阶段，即叙述生物化学、动态生物化学和分子生物化学阶段。

我国生物化学家在生物化学的发展过程中做出了重要贡献。1965 年，中国科学院上海生物化学研究所等单位的科学家们首次用人工方法合成了具有生物活性的结晶牛胰岛素。1981 年，我国科学家又成功地合成了酵母苯丙氨酰 tRNA。此外，我国科学家还在酶学、蛋白质结构、新基因的克隆和功能研究等方面取得了重要成就。

三、人体生物化学研究的主要内容

1. 叙述生物化学阶段　研究生物体的物质组成。研究生物体的化学变化，首先要了解生物体的物质组成，这是生物化学最基本的研究内容，是生物化学的基础。生物体是由无机物和有机物两大类物质组成的。无机物包括水和无机盐，有机物包括蛋白质、核酸、糖类、脂类和维生素等。蛋白质和核酸与生命现象有明确的、直接的关系，又称生物大分子。蛋白质是生物体性状的表现者，而核酸则是生物体遗传信息的携带者。

2. 动态生物化学阶段　研究新陈代谢。新陈代谢是生命的基本特征，是生物体有别于非生物体的重要标志。几乎每一种物质的代谢都是由肠道的消化吸收、血液的运输、细胞内的生物化学及最终产物的排出等几个阶段组成。新陈代谢包括分解代谢和合成代谢。分解代谢是由大分子物质转变为小分子物质的过程，其目的在于释放能量，合成腺苷三磷酸（ATP）供机体利用，同时也为合成代谢提供原料。合成代谢是由小分子物质转变为大分子物质的过程。新陈代谢即生物体从环境摄取营养物质转变为自身物质，同时将自身原有组成转变为废物排出环境中的不断更新的过程，在体内受到严格的调节和控制，以保证机体对环境的适应。

3. 分子生物化学阶段　对蛋白质、酶、核酸等生物大分子进行组成、序列、空间结构等方面的研究，并发展到人工合成，基因工程技术在此阶段发展迅速。

四、生物化学与医学的关系

生物化学作为重要的医学基础课程，其研究内容与疾病的发生、诊断和治疗均有密切关系。

1. 生物化学与疾病的发生　DNA 的结构改变可导致细胞变异；血红蛋白结构异常会导致镰状细胞贫血；胰岛素分泌不足可致糖尿病；酪氨酸酶缺陷和苯丙氨酸羟化酶缺陷分别会导致白化病和苯丙酮尿症；糖酵解速度过快可造成乳酸酸中毒；食物中缺乏叶酸或维生素 B_{12} 会发生巨幼细胞贫血。

2. 生物化学与疾病的诊断　临床上测定血清谷丙转氨酶 [GPT，又称丙氨酸转氨酶（ALT）]，可了解肝脏功能是否正常；检测血清中甲胎蛋白，可协助诊断肝细胞癌；测定红细胞膜上的胆碱酯酶活性，可了解有机磷农药中毒的程度及评估治疗效果；测定血浆蛋白的种类和含量，可作为肝、肾疾病的诊断依据；分析 DNA 的结构可了解是否有致病基因存在。

3. 生物化学与疾病的治疗　经皮冠状动脉介入治疗（PCI）术后使用特异性纤溶酶原激活剂，可促进血栓溶解，使血管再通；多晒太阳可促进佝偻病患者体内维生素 D 的合成，从而预防佝偻病或骨软骨病；限制苯丙酮尿症患儿苯丙氨酸摄入量，对患儿正常生长发育有一定作用。

4. 生物化学与药物的关系　生物化学是药学专业的基础课程，与药学有着密切的联系，其迅速发展的理论和技术在制药工业中得到广泛应用，促进了医学和药学等相关学科的发展。

目前生物化学药物根据化学结构可分为以下七类。

（1）氨基酸、多肽及蛋白质类药物　氨基酸类药物主要包括天然的氨基酸、氨基酸衍生物及氨基酸的混合物；多肽类药物主要是多肽类激素和多肽类细胞生长调节因子；蛋白质类药物主要包括蛋白质类激素、蛋白质类细胞生长调节因子、血浆蛋白等。

（2）酶和辅酶类药物　包括酶类药物、辅酶类药物和酶抑制剂。

（3）核酸及其降解物和衍生物类药物　包括核酸类、多聚核苷酸类和单核苷酸、核苷及其衍生物类。

（4）糖类药物　包括单糖类、寡糖类和多糖类。

（5）脂类药物　包括饱和脂肪酸类、磷脂类、胆酸类、固醇类、胆色素等。

（6）维生素类药物　主要包括水溶性维生素、脂溶性维生素和复合维生素类。

（7）组织制剂　动植物组织经过加工处理，制成符合药品标准并有一定疗效的制剂称为组织制剂。这类制剂未经分离、纯化，有效成分也不完全清楚，但对有些疾病有一定疗效。

总之，在临床实践中，不论是疾病的预防，还是疾病的诊断和治疗，或者生物化学药物的应用，生物化学知识和技术可解决很多问题。这也是学习生物化学的目的之一。

五、学习生物化学的方法

1. 要运用结构决定功能的逻辑思维来学习生物化学。

2. 在学习过程中，要注重理解和记忆基本概念、关键酶、重要反应过程及特点、生理意义等内容。

3. 要注意前后联系、勤于思考，充分做到理论联系实际。

4. 要学会自学，课前预习、课后及时复习是有效的学习方法。

自 测 题

一、名词解释

1. 生物化学

2. 新陈代谢

二、填空题

1. 医学生物化学的研究对象是 _____。

2. 生物化学即 _____ 的化学，简称 _____。生物化学是研究生物体的 _____、_____

及各种化学变化的科学，是从 _____ 上解释一切生命现象的科学，是生命科学及医学的重要组成部分。

三、简答题

1. 生物化学药物主要有哪几类？

2. 如何学好生物化学？

（莫小卫 赵勋藨）

第2章
蛋白质与核酸化学

蛋白质是生命的物质基础，一切有生命的物质均含有这类生物大分子。蛋白质不仅是生物体的主要构成成分，而且在生命活动中起着十分重要的作用，是生命活动的主要承担者。例如，大部分具有催化作用的酶、调节代谢的某些激素、起免疫作用的抗体等，都是蛋白质。没有蛋白质就没有生命。

核酸是生物体内的生物信息大分子物质，核苷酸是核酸的基本单位。核酸可分为脱氧核糖核酸（DNA）和核糖核酸（RNA）两大类。DNA存在于细胞核和线粒体内，是遗传信息的载体；RNA主要存在于细胞质中，少量分布于细胞核和线粒体中，参与细胞核内遗传信息的传递和表达。核酸与蛋白质一样，都是生命活动中重要的生物大分子，具有复杂的结构和极其重要的生物学功能。

第1节　蛋白质的结构与功能

一、蛋白质的分子组成

（一）蛋白质的元素组成

组成蛋白质的元素很多，主要有碳（C）、氢（H）、氧（O）、氮（N）。此外，有些蛋白质还含有少量的硫、磷、铁、铜、锌、锰等元素。

各种蛋白质含氮量相对恒定，平均为16%，即1g氮相当于6.25g蛋白质。生物组织中的氮元素绝大部分存在于蛋白质分子中，所以测定生物样品中蛋白质含量时，只要测出每克样品中含氮量就可推算出蛋白质含量（g）：

每克样品中含氮克数 ×6.25×100 ＝ 100g样品中所含蛋白质克数。

链接

"三鹿奶粉"事件

2008年的三鹿婴幼儿奶粉事件，是因为经检测三鹿牌奶粉中含有三聚氰胺，婴幼儿服用这种奶粉后，会导致泌尿系统疾病。三聚氰胺为化工原料，其分子中含有大量氮元素，添加在食品中，可以提高检测时食品中蛋白质含量检测数值。用普通的定氮测定法检测食品中的蛋白质含量数值时，不能区分这种"伪蛋白氮"。

（二）蛋白质的基本单位——氨基酸

不同种类的蛋白质经酸、碱或蛋白水解酶作用后，最终的水解产物都是氨基酸。因此，氨基酸是蛋白质的基本组成单位。

　　自然界中的氨基酸有 300 多种，但是构成人体蛋白质的却仅有 20 种（表 2-1），除脯氨酸是环状亚氨基酸外，其余都属于 α- 氨基酸，这些 α- 氨基酸除甘氨酸因没有手性碳原子，无 *L*-型或 *D*- 型之分外，都属于 *L*-α- 氨基酸。

考点 氨基酸的结构特点

$$
\begin{array}{cc}
\text{COOH} & \text{COOH} \\
| & | \\
H_2N-C-H & H-C-NH_2 \\
| & | \\
R & R
\end{array}
$$

　　　　　　　L-α-氨基酸　　　　　　　　　　*D*-α-氨基酸

　　根据氨基酸 α- 碳原子上连接的 R 侧链不同，可把氨基酸分为 5 类：非极性脂肪族氨基酸、极性中性氨基酸、芳香族氨基酸、碱性氨基酸和酸性氨基酸（表 2-1）。

表 2-1　组成蛋白质的 20 种氨基酸及其分类

分类	中文名	结构式	英文名	三字符	等电点（pI）
非极性脂肪族氨基酸	甘氨酸	$H-CH-COOH$, NH_2	glycine	Gly	5.97
	丙氨酸	$CH_3-CH-COOH$, NH_2	alanine	Ala	6.00
	缬氨酸	$CH_3-CH-CH-COOH$, CH_3 , NH_2	valine	Val	5.96
	亮氨酸	$CH_3-CH-CH_2-CH-COOH$, CH_3 , NH_2	leucine	Leu	5.98
	异亮氨酸	$CH_3-CH_2-CH-CH-COOH$, CH_3 , NH_2	isoleucine	Ile	6.02
	脯氨酸	$CH_2-CH_2-CH_2$ 环 $CHCOOH-NH$	proline	Pro	6.30
	甲硫氨酸（蛋氨酸）	$CH_3S-CH_2-CH_2-CH-COOH$, NH_2	methionine	Met	5.74
极性中性氨基酸	丝氨酸	$HO-CH_2-CH-COOH$, NH_2	serine	Ser	5.68
	半胱氨酸	$HS-CH_2-CH-COOH$, NH_2	cysteine	Cys	5.07
	苏氨酸	$HO-CH-CH-COOH$, CH_3 , NH_2	threonine	Thr	5.60
	天冬酰胺	$\underset{H_2N}{\overset{O}{\|}}C-CH_2-CH-COOH$, NH_2	asparagine	Asn	5.41

分类	中文名	结构式	英文名	三字符	等电点（pl）
极性中性氨基酸	谷氨酰胺	O ‖ $H_2N-C-CH_2-CH_2-CH-COOH$ 　　　　　　　　　$\|$ 　　　　　　　　NH_2	glutamine	Gln	5.65
芳香族氨基酸	苯丙氨酸	$C_6H_5-CH_2-CH-COOH$ 　　　　　　　$\|$ 　　　　　　NH_2	phenylalanine	Phe	5.48
	酪氨酸	$HO-C_6H_4-CH_2-CH-COOH$ 　　　　　　　　　$\|$ 　　　　　　　　NH_2	tyrosine	Tyr	5.66
	色氨酸	$CH_2-CH-COOH$ 　　　　$\|$ 　　　NH_2	tryptophan	Trp	5.89
碱性氨基酸	赖氨酸	$NH_2-CH_2-CH_2-CH_2-CH_2-CH-COOH$ 　　　　　　　　　　　　　　　　$\|$ 　　　　　　　　　　　　　　　NH_2	lysine	Lys	9.74
	精氨酸	$NH_2-C-NH-CH_2-CH_2-CH_2-CH-COOH$ 　　　　$\|$　　　　　　　　　　　　　$\|$ 　　　NH　　　　　　　　　　　　NH_2	arginine	Arg	10.76
	组氨酸	$HC=C-CH_2-CH-COOH$ 　$\|$　$\|$　　　　$\|$ 　N　NH　　　NH_2 　　$\\$　$/$ 　　CH	histidine	His	7.59
酸性氨基酸	谷氨酸	$HOOC-CH_2-CH_2-CH-COOH$ 　　　　　　　　　　$\|$ 　　　　　　　　　NH_2	glutamic acid	Glu	3.22
	天冬氨酸	$HOOC-CH_2-CH-COOH$ 　　　　　　　$\|$ 　　　　　　NH_2	aspartic acid	Asp	2.97

二、蛋白质的结构

（一）蛋白质的基本结构

1. 肽键和肽　一个氨基酸的 α- 羧基（—COOH）与另一个氨基酸的 α- 氨基（—NH_2）脱水缩合所形成的酰胺键，称为肽键。氨基酸之间通过肽键相互连接构成的化合物称为肽。由 2 个氨基酸脱水缩合形成的化合物称二肽，由 3 个氨基酸缩合形成的化合物称三肽，依此类推。一般 20 个及以下氨基酸通过肽键连接形成的化合物称为寡肽，20 个以上氨基酸通过肽键连接形成的化合物称为多肽。肽链中的每个氨基酸部分已不是完整的氨基酸，故称为氨基酸残基。多肽链有两个游离的末端：一端有自由的氨基，称为氨基末端或 N 端；另一端有自由的羧基，称为羧基末端或 C 端。在书写多肽链中氨基酸顺序时，N 端在左侧，C 端在右侧。多肽链的方向从 N 端开始指向 C 端，如由谷氨酸、半胱氨酸、甘氨酸构成的三肽称为谷胱甘肽。

2. 蛋白质的一级结构　多肽链中的氨基酸排列顺序称为蛋白质的一级结构。一级结构是蛋白质的基本结构，维持蛋白质一级结构稳定的化学键是肽键，它也是蛋白质分子中的主键。

$$H_2N-\overset{\overset{\large R_1}{|}}{CH}-COOH + H_2N-\overset{\overset{\large R_2}{|}}{CH}-COOH \xrightarrow{-H_2O} H_2N-\overset{\overset{\large R_1}{|}}{CH}-\underbrace{CO-NH}_{\text{肽键}}-\overset{\overset{\large R_2}{|}}{CH}-COOH$$

在已测知的蛋白质一级结构中，牛胰岛素是世界上第一个被确定一级结构的蛋白质。它由 51 个氨基酸残基构成，有 A、B 两条多肽链，两条链通过二硫键相连，其结构如图 2-1 所示。

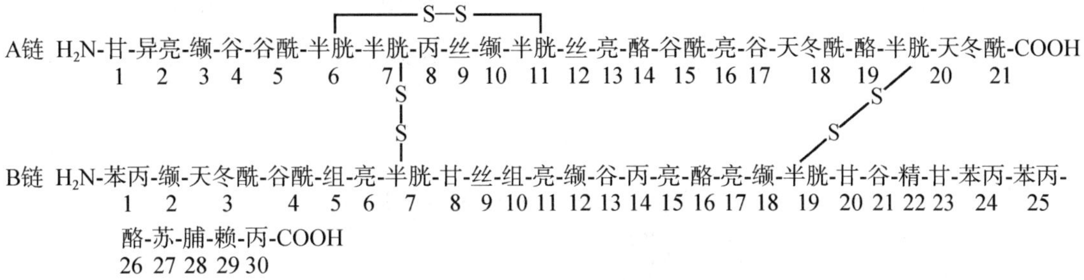

S—S
A链　H₂N-甘-异亮-缬-谷-谷酰-半胱-半胱-丙-丝-缬-半胱-丝-亮-酪-谷酰-亮-谷-天冬酰-酪-半胱-天冬酰-COOH
1 2 3 4 5 6 7 8 9 10 11 12 13 14 15 16 17 18 19 20 21
S
S
S
S
B链　H₂N-苯丙-缬-天冬酰-谷酰-组-亮-半胱-甘-丝-组-亮-缬-谷-丙-亮-酪-亮-缬-半胱-甘-谷-精-甘-苯丙-苯丙-
1 2 3 4 5 6 7 8 9 10 11 12 13 14 15 16 17 18 19 20 21 22 23 24 25
酪-苏-脯-赖-丙-COOH
26 27 28 29 30

图 2-1　牛胰岛素的一级结构

考点　蛋白质一级结构的概念

（二）蛋白质的空间结构

在蛋白质分子中，肽键的 C—N 键具有一定程度的双键性质，不能自由旋转，因此肽键上 4 个原子和相邻的两个 *α*- 碳原子（C_α）形成一个平面，称为肽键平面（图 2-2）。

O
R
H
C
Cα
N
H
C
N
Cα
Cα
N
C
H
O

图 2-2　肽键平面

蛋白质的肽链折叠、盘曲，使分子内各原子形成一定的空间排布及相互关系，称为蛋白质的空间结构，包括二级结构、三级结构和四级结构。维持蛋白质空间结构稳定的化学键主要有氢键、离子键（盐键）、疏水键、范德瓦耳斯力（范德华力）等非共价键和二硫键，统称为次级键。

1. 蛋白质的二级结构　是指多肽链主链沿长轴方向折叠或盘曲所形成的局部有规律的、重复出现的空间结构，主要有 α 螺旋、β 折叠（图 2-3）、β 转角和无规卷曲四种形式。维持蛋白质二级结构稳定的主要化学键是氢键。

2. 蛋白质的三级结构　蛋白质的整条多肽链中全部氨基酸残基的相对空间位置称为蛋白质的三级结构。也就是蛋白质分子在二级结构基础上进一步盘曲折叠形成的构象。形成和稳定蛋白质三级结构的化学键主要是次级键，包括氢键、疏水键、离子键、范德瓦耳斯力等（图 2-4）。这些次级键可存在于一级结构上相隔很远的氨基酸残基的 R 基团之间，因此蛋白质的三级结构主要指氨基酸残基侧链间的结合。仅由一条多肽链构成的蛋白质，只有形成了三级结构后才具有生物学功能。

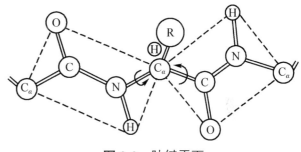

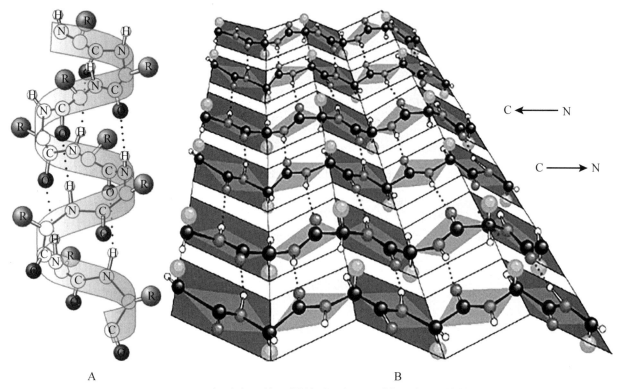

图 2-3 蛋白质分子的 α 螺旋（A）和 β 折叠（B）结构

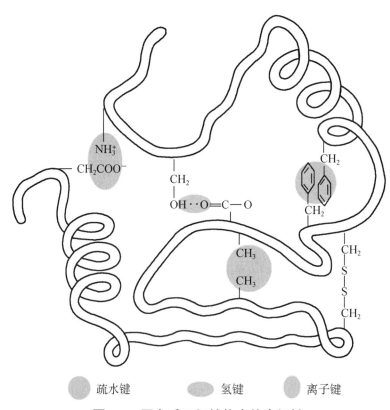

图 2-4 蛋白质三级结构中的次级键

3. 蛋白质的四级结构　是由两条或两条以上具有三级结构的多肽链通过非共价键缔合而形成的空间结构，其中具有独立三级结构的多肽链称为亚基，各亚基之间借非共价键相互连接（图 2-5）。

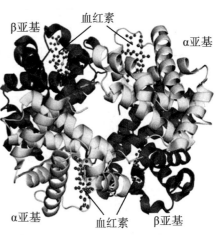

图 2-5　血红蛋白的四级结构

（三）蛋白质结构与功能的关系

蛋白质的功能与其空间结构密切相关。一方面，不同的空间结构决定了各种蛋白质的不同功能；另一方面，改变蛋白质的空间结构可以使其活性增强或减弱，甚至使其失活。而蛋白质的一级结构决定空间结构，空间结构是生物活性的直接体现。

第 2 节　蛋白质的理化性质

一、蛋白质的两性解离及等电点

蛋白质既含有碱性基团（如—NH_2），能发生碱式电离，成为阳离子；又含有酸性基团（如—COOH），能发生酸式电离，成为阴离子，因此蛋白质是两性电解质。蛋白质在溶液中以何种离子形式存在，取决于分子中酸性基团与碱性基团的数量、比例及溶液的 pH（图 2-6）。当蛋白质溶液处于某一 pH 时，蛋白质分子解离成阴、阳离子的趋势相等，净电荷为零，呈兼性离子状态，此时溶液的 pH 称为该蛋白质的等电点（pI）。当溶液 pH > pI 时，蛋白质带负电荷，呈阴离子；当溶液 pH < pI 时，蛋白质带正电荷，呈阳离子。

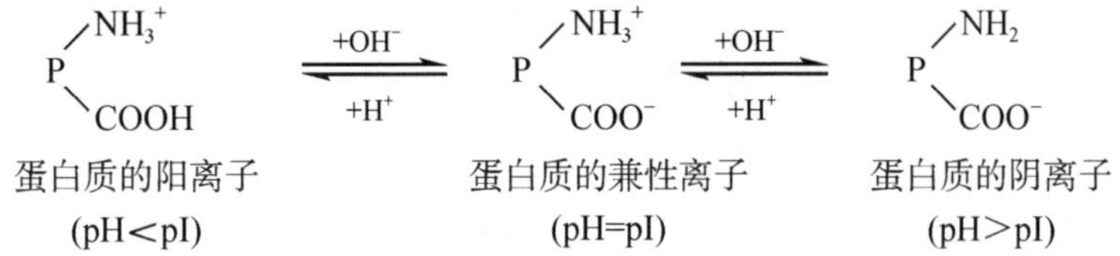

图 2-6　蛋白质的阳离子、兼性离子和阴离子状态

考点　蛋白质等电点的概念

二、蛋白质的胶体性质

蛋白质是高分子化合物，分子量很大，其颗粒大小已达到胶体颗粒的范围（1～100nm），所以其溶液为胶体溶液，具有胶体溶液性质，如不能透过半透膜等。蛋白质胶体溶液比普通胶体溶液更稳定，是因为其具有两个稳定因素：①蛋白质颗粒表面的同种电荷。在非等电点状态时，蛋白质颗粒表面带有一定量的相同电荷，由于同种电荷互相排斥，蛋白质颗粒不易发生碰撞而聚集沉淀。②蛋白质颗粒表面的水化膜。蛋白质颗粒表面有许多亲水基团，这些亲水基团可吸引水分子，使蛋白质分子表面形成一层水化膜，即使蛋白质颗粒之间发生碰撞，也是颗粒表面水分子和水分子之间的碰撞，蛋白质颗粒本身没有真正接触，从而使蛋白质不易聚集沉淀。

三、蛋白质的沉淀

蛋白质颗粒在物理、化学因素作用下失去上述两个稳定因素就会发生沉淀。使蛋白质沉淀的方法有盐析法、有机溶剂沉淀法、重金属盐沉淀法和生物碱试剂沉淀法等。

1. 盐析法　向蛋白质溶液中加入大量中性盐，如硫酸铵、硫酸钠和氯化钠等，可使蛋白质从溶液中析出，这种沉淀蛋白质的方法称为盐析。中性盐可夺取蛋白质分子表面的水化膜并中和其表面电荷，使蛋白质沉淀。调节溶液的 pH 至该蛋白质的等电点时沉淀效果更佳。盐析法沉淀蛋白质通常不会引起蛋白质变性，常用于天然蛋白质的分离。

2. 有机溶剂沉淀法　有机溶剂（如甲醇、乙醇、丙酮）能破坏蛋白质分子表面的水化膜，使蛋白质沉淀析出。若将溶液 pH 调至该蛋白质的等电点，则沉淀更完全。在常温下用有机溶剂沉淀蛋白质往往会引起蛋白质变性，但在低温下进行可避免蛋白质变性的发生。

3. 重金属盐沉淀法　重金属离子如 Cu^{2+}、Hg^{2+}、Pb^{2+}、Ag^+ 等，能与蛋白质阴离子结合，生成不溶性盐而沉淀。反应需在溶液 pH 大于该蛋白质等电点的条件下进行。临床上抢救重金属盐中毒的患者时，常先让其口服牛奶、生蛋清等，再洗胃或催吐，把不溶性蛋白质盐排出体外。

4. 生物碱试剂沉淀法　生物碱试剂（苦味酸、钨酸、三氯乙酸等）能与蛋白质阳离子结合成不溶性盐而沉淀。临床检验工作中常用此类试剂检查尿蛋白，制备无蛋白血滤液。

四、蛋白质的变性

蛋白质在某些理化因素作用下，空间结构发生改变或破坏，导致其理化性质改变、生物活性丧失的现象，称为蛋白质的变性。引起蛋白质变性的物理因素有高温、高压、紫外线照射等；化学因素有强酸、强碱、重金属盐、有机溶剂等。蛋白质变性的实质是维持蛋白质空间结构的次级键断裂，空间结构被破坏，但肽键没有断裂，即一级结构并没有改变。蛋白质变性后表现为溶解度降低、易被蛋白酶水解、原有的生物活性丧失等。

蛋白质变性在临床上应用广泛，如高温、高压、75% 乙醇（酒精）、紫外线可消毒灭菌；误服重金属盐中毒者，可口服牛奶或生蛋清以减缓重金属离子的吸收；活性蛋白质制剂如酶、疫苗等需放在适宜的低温下保存，以防止其变性失活。

考点　蛋白质变性的概念及变性后的特点

五、蛋白质的紫外吸收性质与呈色反应

（一）蛋白质的紫外吸收

蛋白质分子中含有具有共轭双键的酪氨酸和色氨酸残基，这些氨基酸的侧链基团具有紫外吸收能力，在 280nm 波长处有特征性吸收峰。在此范围内，蛋白质溶液的吸光度值（A_{280}）与其含量成正比。因此，可利用蛋白质的这一特点测定溶液中蛋白质含量。

（二）蛋白质的呈色反应

蛋白质分子中的肽键及某些氨基酸残基的化学基团，可与某些化学试剂发生呈色反应。利用这些呈色反应可以对蛋白质进行定性、定量测定（表 2-2）。

1. 茚三酮反应　同氨基酸一样，蛋白质分子中的 α- 游离氨基可以与茚三酮反应，生成

蓝紫色化合物。因此可作为蛋白质定量分析方法。

表 2-2　常见的蛋白质呈色反应

反应名称	试剂	颜色	反应有关基团	有此反应的蛋白质
茚三酮反应	茚三酮	蓝紫色	α- 游离氨基及羧基	α- 氨基酸
双缩脲反应	NaOH、CuSO$_4$	紫蓝色	两个以上肽键	所有蛋白质
酚试剂反应	碱性 CuSO$_4$ 及磷钨酸 - 钼酸	蓝色	酚基、吲哚基	酪氨酸

2. 双缩脲反应　在稀碱溶液中，肽键与硫酸铜共热形成络合盐，呈现紫蓝色。蛋白质和多肽分子中的肽键能发生此呈色反应，其颜色的深浅与蛋白质含量成正比，而氨基酸无此反应，因此双缩脲反应可检测蛋白质水解程度。

3. 酚试剂反应　蛋白质分子中酪氨酸可以将酚试剂中的磷钨酸和磷钼酸还原，生成蓝色化合物。酚试剂反应灵敏度高，是常用的蛋白质定量检测方法。

六、蛋白质的分类

蛋白质分子根据组成成分不同，可分为单纯蛋白质和结合蛋白质两大类。①单纯蛋白质：完全由氨基酸组成的蛋白质，如清蛋白（又称白蛋白）、球蛋白等。②结合蛋白质：由蛋白质和非蛋白化合物（又称辅基）两部分组成，如糖蛋白、脂蛋白、核蛋白等。

根据蛋白质的功能不同，可将蛋白质分为酶蛋白、调节蛋白和运输蛋白等。

医者仁心　　　　　　　　薛红菊："白衣天使"的奉献路

薛红菊是上海新华医院崇明分院综合科护士长，从事医务护理工作 30 余年来，她坚持学习，掌握了精湛的护理技术；她尽职尽责，协助医生挽救了很多人的生命；她用周到的服务赢得了患者的好评。2017 年 1 月，薛红菊荣登"中国好人榜"。薛红菊不仅有严谨的工作态度和一丝不苟的敬业精神，还认真学习专业理论知识，熟练掌握了各项急救技术。在抢救危重患者时，她得心应手、忙而不乱，用精湛的护理技术、真诚周到的服务赢得了良好的口碑。曾经有一位患者专门给薛红菊写了一封感谢信，信中说道："薛护士长仿佛就是一只钟表，高效、精密、恒久，让人无比安心。"

第 3 节　核酸的结构与功能

链接

绷带里的奇妙物质——传承生命的核酸

1868 年，一个寒冷的清晨，德国的某大学实验室里弥漫着难闻的气味。微弱的灯光下，有一个忙碌的身影，他就是瑞士科学家米歇尔。年仅 25 岁的米歇尔，为了获取实验材料从医院里收取了大量又脏又臭的外科手术绷带，就是这些外科手术绷带揭开了遗传物质研究的序幕。

米歇尔仔细地用稀释的硫酸钠溶液分离出绷带上的脓细胞，然后用猪胃黏膜的酸性提取液处理这些脓细胞。米歇尔发现，在留存的细胞核中，有一种含磷量远高于蛋白质的强有机酸。他把这种有机酸取名为"核素"，"核素"后被命名为核酸。

案例 2-1

感动中国 2015 年度人物张宝艳、秦艳友夫妇建起"宝贝回家寻子网"，帮助家长们寻找孩子。2009 年，张宝艳提出的"关于建立打击拐卖儿童 DNA 数据库的建议"得到公安部采纳，DNA 数据库为侦破案件、帮助被拐儿童准确找到亲人，提供了有力的技术支持。截至 2015 年 11 月，宝贝回家志愿者协会帮助超过 1200 个被拐及走失的孩子寻找到亲人。

问题：1. 为什么鉴定 DNA 能帮被拐儿童准确找到亲人？

2. 什么是遗传信息？

3. 遗传信息有什么作用？

一、核酸的分子组成

（一）核酸的元素组成

核酸分子的主要元素组成为 C、H、O、N 和 P，其中磷含量相对恒定，为 9%～10%，通过测定生物样品中含磷量，可推算出核酸的含量。

（二）核酸的基本成分

核酸水解产物是核苷酸，核苷酸进一步水解产生磷酸和核苷，核苷再进一步水解生成碱基和戊糖，所以，核酸的基本组成单位是核苷酸，核苷酸由磷酸、戊糖和碱基组成（图 2-7）。

图 2-7　核酸的组成

1. 碱基　核酸分子中的碱基是含氮的杂环化合物，分为嘌呤和嘧啶两类。常见的嘌呤有腺嘌呤（A）和鸟嘌呤（G）；常见的嘧啶有胞嘧啶（C）、胸腺嘧啶（T）和尿嘧啶（U）。DNA 分子中含有 A、G、C、T 四种碱基，其中 T 是 DNA 分子中的特有的碱基；RNA 分子中含有 A、G、C、U 四种碱基，而 U 则是 RNA 分子中特有的碱基。此外，核酸中还含有不常见的其他碱基，称稀有碱基。碱基的结构式见图 2-8。

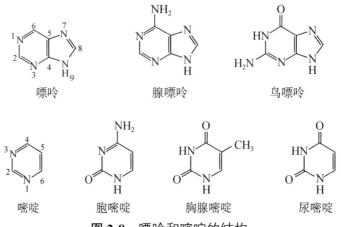

图 2-8　嘌呤和嘧啶的结构

2. **戊糖**　核酸中所含的糖是五碳糖，即戊糖。为区别于碱基的原子编号，戊糖的各碳原子编号时后加一撇 "′"，如碳原子用 C-1′、C-2′ 表示。RNA 分子中的戊糖在 C-2′ 上连接的基团带氧原子，称 *D*-核糖; DNA 分子中的戊糖在 C-2′ 上连接的基团不带氧原子，称为 *D*-2′-脱氧核糖（图 2-9）。

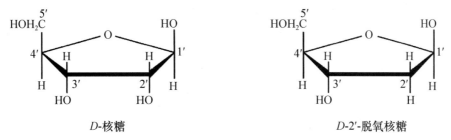

图 2-9　*D*-核糖和 *D*-2′-脱氧核糖的结构

3. **磷酸**　核酸分子中含有磷酸，所以呈酸性。核酸分子中的磷酸与戊糖连接。

（三）核酸的基本单位

1. **核苷**　是碱基与戊糖以糖苷键相连接所形成的化合物。戊糖的 C-1′ 原子分别与嘌呤的 N-9 原子、嘧啶的 N-1 原子相连接形成了糖苷键。核糖与碱基通过糖苷键相连接形成的化合物称为核糖核苷，简称核苷，共有四种核糖核苷（腺苷、胞苷、鸟苷、尿苷）；脱氧核糖与碱基通过糖苷键相连接形成的化合物称为脱氧核糖核苷，简称脱氧核苷，也有四种脱氧核苷（脱氧腺苷、脱氧鸟苷、脱氧胞苷、脱氧胸苷）（图 2-10）。

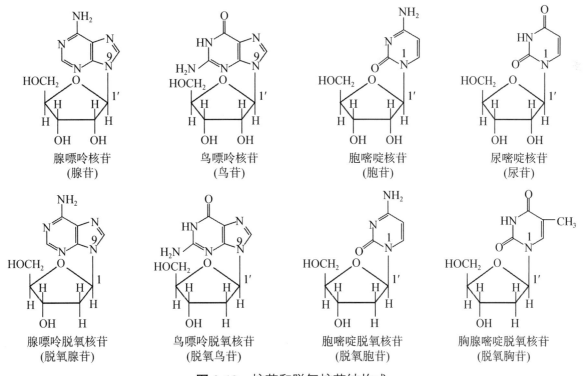

图 2-10　核苷和脱氧核苷结构式

2. **核苷酸**　核糖核苷或脱氧核苷中戊糖的 C-5′ 上的羟基与磷酸通过脱水缩合，以磷酸酯键相连接形成的化合物，称为核糖核苷酸或脱氧核苷酸（表2-3）。RNA的基本单位是核糖核苷酸（NMP），DNA的基本单位是脱氧核苷酸（dNMP）（表2-4）。

表2-3　常见的核苷酸及其缩写符号

核糖核苷酸（NMP）		脱氧核苷酸（dNMP）	
符号	名称	符号	名称
AMP	腺苷酸（腺苷一磷酸）	dAMP	脱氧腺苷酸（脱氧腺苷一磷酸）
GMP	鸟苷酸（鸟苷一磷酸）	dGMP	脱氧鸟苷酸（脱氧鸟苷一磷酸）
CMP	胞苷酸（胞苷一磷酸）	dCMP	脱氧胞苷酸（脱氧胞苷一磷酸）
UMP	尿苷酸（尿苷一磷酸）	dTMP	脱氧胸苷酸（脱氧胸苷一磷酸）

表2-4　RNA与DNA化学组成的区别

名称	戊糖	碱基	基本单位
RNA	核糖	A、G、C、U	AMP、GMP、CMP、UMP
DNA	脱氧核糖	A、G、C、T	dAMP、dGMP、dCMP、dTMP

3. 几种重要的游离核苷酸

（1）多磷酸核苷　核苷酸的磷酸基可进一步磷酸化，生成核苷二磷酸（NDP）和核苷三磷酸（NTP），如AMP是腺苷一磷酸，ADP是腺苷二磷酸，ATP是腺苷三磷酸。核苷二磷酸、核苷三磷酸中含有高能磷酸键"～"，它们都是高能磷酸化合物。ATP分子中含有3个磷酸基团，其中有2个高能磷酸键（图2-11）。核苷三磷酸和脱氧核苷三磷酸是合成RNA和DNA的原料，并在多种物质的合成中，起活化或供能作用，尤其是ATP，其与能量的生成、储存和利用密切相关，在细胞的能量代谢中有重要意义。

（2）环化核苷酸　在体内还有一类自由存在的环化核苷酸，具有重要作用的有3',5'-环腺苷酸（3',5'-cAMP，环腺苷一磷酸）和3',5'-环鸟苷酸（cGMP，环鸟苷一磷酸），它们作为细胞信号转导过程中的第二信使，在信息传递中有重要作用（图2-11）。

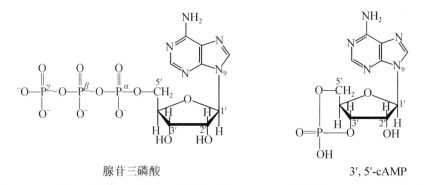

腺苷三磷酸　　　　　　　　3',5'-cAMP

图2-11　腺苷三磷酸（ATP）的结构式和3',5'-环腺苷酸（3',5'-cAMP）

每种核苷酸都有缩写符号，可根据以下规则快速命名核苷酸，识别缩写符号。核苷酸的中文名称组成为（脱氧）+核苷+磷酸基团数目+磷酸。脱氧对应d，核苷中文名称分别为腺苷（A）、鸟苷（G）、胸苷（T）、胞苷（C）、尿苷（U）；磷酸基团数目分别为一（M）、二（D）、三（T）；磷酸为 P。如 GTP 的中文名称为鸟苷三磷酸，dTMP 的中文名称为脱氧胸苷一磷酸。

二、核酸的分子结构

（一）核酸的一级结构

核酸分子中，一个核苷酸的 C-3′ 的羟基和相邻核苷酸的 C-5′ 的磷酸基团脱水缩合形成的酯键称为 3′, 5′- 磷酸二酯键。核酸是由许多核苷酸通过 3′, 5′- 磷酸二酯键连接而形成的多聚核苷酸链。多个核苷酸以此方式连接形成的线状大分子，称为多聚核苷酸，即 RNA。多个脱氧核苷酸以此方式连接形成的线状大分子，称为多聚脱氧核苷酸，即 DNA。

核酸分子具有方向性，长链的一端 5′ 碳上带有游离的磷酸基团，称为 5′ 端，另一端核苷酸 3′ 碳上带有游离的羟基，称为 3′ 端。核苷酸链和脱氧核苷酸链的书写规则应从 5′ 端到 3′ 端。DNA 和 RNA 分子中连接基本单位的化学键及链的方向性是相同的（图 2-12）。

DNA 的一级结构是指多聚脱氧核苷酸从 5′ 端到 3′ 端的排列顺序。RNA 的一级结构是指多聚核苷酸从 5′ 端到 3′ 端的排列顺序。

核酸分子中相同的戊糖和磷酸交替连接成分子骨架，而四种不同碱基则伸向骨架一侧（图 2-12A）。因此多聚核苷酸链（或多聚脱氧核苷酸链）可用简化形式写出，其中竖线表示糖的碳链，A、G、C、T 表示不同的碱基，P 和斜线代表 3′, 5′- 磷酸二酯键（图 2-12B）。也可最终简化为用碱基符号 A、G、C、U、T 等代表核苷酸（或脱氧核苷酸），即多聚核苷酸链（或多聚脱氧核苷酸链）中碱基的排列顺序。

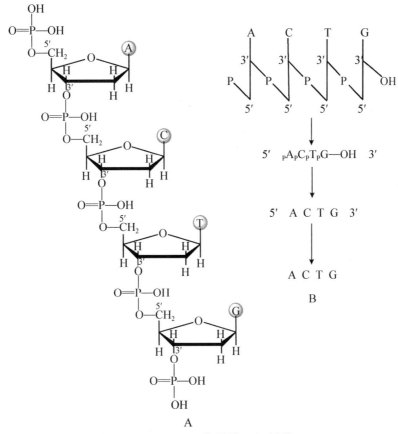

图 2-12　DNA 分子的一级结构

A. DNA 多聚核苷酸链片段；B. DNA 多聚核苷酸链简写方式

自然界中 DNA 和 RNA 可包含高达几十万个碱基，生物的遗传信息就储存在 DNA 的碱基序列中，不同 DNA 的碱基数目和排列顺序各不相同。DNA 携带的遗传信息完全依靠碱基排列顺序的变化，通过复制遗传给子代。假如有 100 个脱氧核苷酸组成的 DNA 片段，就有 4^{100} 种排列顺序。n 个脱氧核苷酸组成的 DNA，就有 4^n 种排列顺序，这样就存在巨大的遗传信息编码的可能性，这也是生物多样性的物质基础。

（二）核酸分子的空间结构

1. DNA 的空间结构

（1）DNA 的二级结构　1953 年，沃森（Watson）和克里克（Crick）提出了著名的 DNA 双螺旋结构模型（图 2-13），由此揭开了现代分子生物学发展的序幕。

> **链接**
>
> **DNA 双螺旋结构的发现对人类发展的意义**
>
> 1953 年 4 月 25 日，*Nature* 杂志发表了由沃森和克里克提出的 DNA 双螺旋结构模型的论文，这一发现打开了"生命之谜"，它解释了遗传信息的构成和传递途径，开启了分子生物学时代。在此之后，如雨后春笋般诞生的如分子遗传学、分子免疫学、细胞生物学等新学科，从分子层面更清晰地阐明了许多生命的奥秘。沃森和克里克因此获得 1962 年的诺贝尔生理学或医学奖。

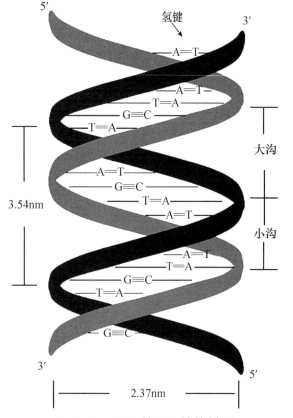

图 2-13　DNA 的双链结构模型

DNA 分子双螺旋结构模型主要特点如下。

1）DNA 分子是由两条反向平行的多聚脱氧核苷酸链构成，一条链是 5′→3′ 方向，另一条链是 3′→5′ 方向，两条链沿同一中心轴盘绕而成右手双螺旋结构。

2）各脱氧核苷酸之间，磷酸基团和脱氧核糖由 3′, 5′-磷酸二酯键相连，形成 DNA 的亲水性基本骨架，并位于螺旋的外侧。

3）碱基位于双螺旋结构内侧，两条链上的碱基通过碱基互补规律组成互补碱基对，即 A 和 T 通过两个氢键配对，G 和 C 通过三个氢键配对。两条互补的多聚脱氧核苷酸链则称为互补链，故 DNA 分子中嘌呤与嘧啶的摩尔数总是相等。碱基互补规律在 DNA 自我复制过程中起重要作用，决定着生物遗传信息的传递与表达。

4）稳定 DNA 双螺旋结构的主要作用力是氢键和碱基堆积力，DNA 双螺旋的横向结构靠互补碱基之间的氢键维持，纵向结构靠碱基平面的疏水性碱基堆积力维持。碱基堆积力是相邻两个碱基对平面在旋进过程中彼此重叠而产生的。

（2）DNA 的超螺旋结构　是 DNA 在双螺旋结构基础上进一步盘曲，在蛋白质的参与下形成的更加复杂的紧密空间结构。

原核生物、线粒体、叶绿体中的 DNA 是共价封闭的环状双螺旋，这种环状双螺旋结构还需要再螺旋化形成超螺旋结构。

真核生物 DNA 在细胞周期的间期以染色质形式存在，它高度有序地存在于细胞核内，DNA 与组蛋白组成核小体，核小体是染色质的基本组成单位。核小体结构中，组蛋白（H_2A、H_2B、H_3、H_4 分子）各两分子构成组蛋白八聚体，DNA 双链盘绕在八聚体表面形成核心颗粒，核心颗粒之间靠 DNA 和组蛋白 H_1 相连。许多核小体连成串珠状，再经过反复盘旋折叠，在细胞分裂期形成染色体。

2. RNA 的空间结构　RNA 通常以单链存在。RNA 在遗传信息传递和表达过程中，发挥重要作用。与 DNA 相比，RNA 分子较小，仅含数十个至数千个核苷酸，但其种类、大小、结构比 DNA 复杂得多，功能也呈现多样化。本节主要介绍信使 RNA、转运 RNA 和核糖体 RNA 三种类型。

（1）信使 RNA（mRNA）　是蛋白质合成的直接模板。mRNA 在细胞核内转录 DNA 遗传信息，自身成为遗传信息载体即信使，在细胞核内合成后转移到细胞质，作为蛋白质合成的模板，指导蛋白质的合成。mRNA 种类最多，大小不一，mRNA 的长短决定了它指导合成的蛋白质的分子量大小。

mRNA 的前体物质是不均一 RNA（hnRNA），真核生物的 hnRNA 经加工、修饰转变为成熟的 mRNA。真核生物成熟 mRNA 的结构特点如下（图 2-14）。

1）真核生物的 mRNA 在 3' 端有一段长 80 ～ 250 个碱基的多聚腺苷酸结构，称多聚 A 尾（polyA）。polyA 的结构与 mRNA 从细胞核移至细胞质、维持 mRNA 的稳定性及翻译起始的调控有关。

2）多数真核生物 mRNA 在 5' 端有一"帽子"结构，即 m^7Gppp（7- 甲基鸟嘌呤核苷三磷酸）。帽子结构与蛋白质生物合成的起始有关。

3）真核生物成熟 mRNA 中间是编码区，其核苷酸序列直接决定蛋白质的氨基酸序列。

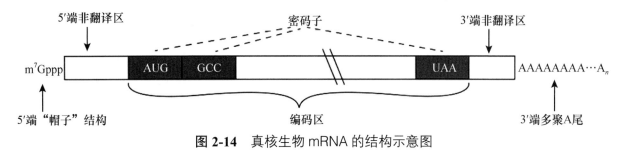

图 2-14　真核生物 mRNA 的结构示意图

（2）转运 RNA（tRNA）　分子量最小，由 74 ～ 95 个核苷酸构成，约占细胞总 RNA 的 15%。tRNA 的功能是在蛋白质合成中作为转运各种氨基酸的载体。

每个 tRNA 分子含 10% ～ 20% 稀有碱基，如二氢尿嘧啶（DHU）、次黄嘌呤（I）、假尿嘧啶（ψ）等。tRNA 只由一条单链组成，3' 端是 CCA-OH 序列，是 tRNA 结合和转运氨基酸的部位，活化的氨基酸就连接于 3' 端的羟基上。3' 端的 CCA-OH 序列和与之相连续的数个碱基片段共同构成氨基酸臂。

tRNA 的二级结构中，其分子链中存在碱基配对区域，形成局部双螺旋区，链内碱基不配对的部分产生突环，称为茎环。这些茎环的存在，使 tRNA 形状类似三叶草，称为三叶草结构（图 2-15A）。三叶草结构的左右两环以其含有的稀有碱基为特征，分别称为 DHU 环和 TψC 环。位于下方的环称为反密码子环，环中间的三个碱基称为反密码子，不同 tRNA 的反密码子不同，反密码子可与 mRNA 上相应的三联体密码子碱基互补。携带特定氨基酸的 tRNA 依据其特异的反密码子来识别 mRNA 上的密码子，可将其所携带的氨基酸正确地定位在合成的多肽链上。

tRNA 的三级结构呈倒 L 形，使 tRNA 具有较大的稳定性（图 2-15B）。

（3）核糖体 RNA（rRNA） 是细胞内含量最多的 RNA，占细胞总 RNA 的 80% 以上，它们与核糖体蛋白共同构成核糖体。

在蛋白质生物合成过程中，各种 rRNA 和多种蛋白质结合成核糖体。原核生物和真核生物的核糖体均由可解聚的大小两个亚基组成。核糖体的功能是在蛋白质合成中起装配机作用，是蛋白质生物合成的场所。在蛋白质合成的装配过程中，mRNA、tRNA 与核糖体大小亚基结合，依次解读密码子，氨基酸有序进入，肽链被启动合成和延长。

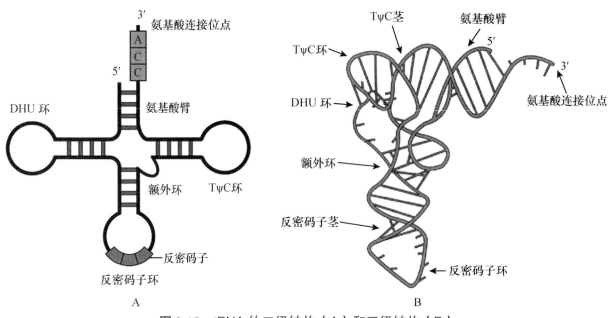

图 2-15 tRNA 的二级结构（A）和三级结构（B）

第 4 节 核酸的理化性质

一、紫外线吸收性质

核酸中的嘌呤碱和嘧啶碱具有共轭双键，使得碱基、核苷、核苷酸、核酸在 240 ～ 290nm 波长处具有强烈的紫外吸收特征，最大吸收峰在 260nm 波长处。根据核酸的紫外吸收特性，常用紫外分光光度法对核酸进行定性和定量分析。此外，核酸的紫外吸收值还可作为核酸变性和复性的指标。

二、DNA 的变性、复性和分子杂交

（一）DNA 变性

DNA 变性是指双螺旋 DNA 分子在某些理化因素作用下，互补碱基之间的氢键断裂，双螺旋结构解离，变成单链的过程。变性过程并不涉及核苷酸之间磷酸二酯键的断裂，因此，变性作用并不引起 DNA 一级结构的改变。

能引起核酸变性的因素有加热、有机溶剂、酸、碱、尿素及酰胺等。实验室最常用的 DNA 变性方法是加热。因温度升高而引起的 DNA 变性称为热变性。在 DNA 解链过程中，在 260nm 波长处 DNA 紫外吸光度增加，这种现象称为 DNA 的增色效应。常用 260nm 波长处紫外吸收数值的变化监测不同温度下 DNA 的变性情况，由此所绘制的曲线称为 DNA 的解链曲线（图 2-16）。

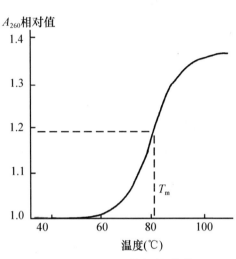

图 2-16　DNA 的解链曲线

图 2-16 中显示 DNA 从开始解链到完全解链是在一个相当窄的范围内完成的，在解链过程中，将 DNA 紫外光的吸收度达到最大变化值一半时所对应的温度，称为 DNA 的解链温度（熔解温度，T_m）。在此温度时 50% 的 DNA 双链被打开。DNA 的 T_m 值高低与 DNA 分子中的碱基组成密切相关，G-C 碱基对含量越大，T_m 值就越高；A-T 碱基对含量越大，则 T_m 值就越低，这是因为 G-C 碱基对之间有三个氢键，而 A-T 碱基对之间有两个氢键，所以含有 G-C 碱基对多的 DNA 分子更为稳定，变性时所消耗的能量较多。

（二）DNA 复性

当 DNA 变性后，缓慢除去变性条件，解开的两条链又可重新缔合而形成双螺旋结构，这个过程称为 DNA 复性。复性后的 DNA，其理化性质和生物活性都可以恢复。

热变性后 DNA 单链只有在温度缓慢下降时才可重新配对复性，这一过程也称退火。但如果迅速冷却至 4℃以下，复性则不能发生，这一特性被用来保持 DNA 的变性状态。

（三）核酸分子杂交

核酸分子杂交技术是以核酸的变性与复性为基础的。将具有一定互补序列的不同 DNA 单链或 RNA 单链，在一定条件下按碱基配对规律结合成双链的过程称为分子杂交。核酸分子杂交可发生在 DNA-DNA、RNA-RNA、DNA-RNA 之间。

核酸分子杂交技术可用于基因定位、确定两种核酸分子间的序列相似性，同时该方法也是基因芯片技术的基础。核酸分子杂交技术已经广泛应用于遗传病诊断、肿瘤病因学研究、病原体检测等医学领域。

将一段核苷酸链（可以是 DNA 片段或 RNA 片段），用放射性核素或荧光标记作为探针。在一定条件下将探针和待测 DNA 杂交，如果核苷酸探针与待测 DNA 或 RNA 有互补序列，可产生杂交双链，检测形成的杂交双链的放射性核素或荧光标记位置，即可得知与探针有互补关系的 DNA 或 RNA 的碱基序列。

自 测 题

一、名词解释

1. 蛋白质一级结构　2. 蛋白质变性

3. 核酸的一级结构　4. DNA 变性

二、填空题

1. 组成蛋白质的元素主要有 ＿＿＿＿、＿＿＿＿、＿＿＿＿、＿＿＿＿。

2. 构成天然蛋白的氨基酸有 300 种，但构成人体蛋白质的氨基酸仅有 ＿＿＿＿ 种。

3. 蛋白质的基本组成单位是 ＿＿＿＿，核酸的基本组成单位是 ＿＿＿＿，核苷酸由 ＿＿＿＿、＿＿＿＿ 和 ＿＿＿＿ 组成。

4. DNA 分子中含有四种碱基 ＿＿＿＿、＿＿＿＿、＿＿＿＿、＿＿＿＿；RNA 分子中含有四种碱基 ＿＿＿＿、＿＿＿＿、＿＿＿＿、＿＿＿＿。

5. DNA 的二级结构为 ＿＿＿＿，tRNA 的二级结构为 ＿＿＿＿。

6. 在蛋白质合成中，信使 RNA 是蛋白质合成的 ＿＿＿＿，转运 RNA 是 ＿＿＿＿，核糖体 RNA 参与 ＿＿＿＿ 的构成。

三、单选题

1. 组成蛋白质的基本单位是（　　　）

　A. 多肽　　　　　B. 二肽　　　　　C. 氨基酸

　D. 一级结构　　　E. 以上都不是

2. 蛋白质中氮的含量约占（　　　）

　A. 6.25%　　　　B. 10%　　　　　C. 19%

　D. 16%　　　　　E. 24%

3. 蛋白质变性是由于（　　　）

　A. 蛋白质一级结构的改变

　B. 蛋白质亚基的解聚

　C. 蛋白质空间构象被破坏

　D. 某些酸类沉淀蛋白质

　E. 不易被胃蛋白酶水解

4. 蛋白质分子中，维持一级结构的主要化学键是（　　　）

　A. 氢键　　　　　B. 肽键　　　　　C. 二硫键

　D. 盐键　　　　　E. 疏水键

5. 某患者的营养配餐样品中氮的含量为 2g，其蛋白质的含量为（　　　）

　A. 6.25g　　　　B. 12.5g　　　　C. 25g

　D. 32g　　　　　E. 16g

6. 下列哪种因素不是引起蛋白质变性的化学因素（　　　）

　A. 强酸　　　　　　　B. 强碱

　C. 加热煮沸　　　　　D. 乙醇

　E. 尿素

7. 只有一条肽链的蛋白质必须具备哪级结构才有生物学功能（　　　）

　A. 一级　　　　　B. 二级　　　　　C. 三级

　D. 四级　　　　　E. 五级

8. 血红蛋白变性后（　　　）

　A. 一级结构改变，生物活性改变

　B. 并不改变一级结构，仍有生物活性

　C. 肽键断裂，生物活性丧失

　D. 空间构象改变，但仍有生物活性

　E. 空间构象改变，生物活性丧失

9. 亚基存在于蛋白质的几级结构（　　　）

　A. 一级　　　　　B. 二级　　　　　C. 三级

　D. 四级　　　　　E. 都不是

10. 下列哪组物质是 DNA 的基本组成成分（　　　）

　A. 脱氧核糖，A，U，C，G，磷酸

　B. 核糖，A，T，C，G，磷酸

　C. 脱氧核糖，A，T，C，G，磷酸

　D. 脱氧核糖，A，T，C，U，磷酸

　E. 核糖，A，U，C，G，磷酸

11. 核酸中核苷酸之间的连接方式是（　　　）

　A. 2′，3′- 磷酸二酯键

　B. 3′，5′- 磷酸二酯键

　C. 2′，5′- 磷酸二酯键

D. 糖苷键

E. 肽键

12. DNA 的　级结构是（　　）

A. 多聚 A 结构　　　B. 核小体结构

C. 双螺旋结构　　　D. 三叶草结构

E. 多个脱氧核苷酸排列顺序

13. Waston 和 Crick 的 DNA 结构模型描述正确的是（　　）

A. 每个螺旋含 11 个碱基对，遵守右手螺旋法则

B. 对应碱基之间以共价键形式结合

C. 碱基配对原则是 A-U、C-G 配对

D. DNA 两条多聚核苷酸链反方向缠绕

E. 碱基处于螺旋结构的外侧

四、简答题

1. 组成蛋白质的基本单位是什么？其结构有何特点？

2. 维持蛋白质胶体溶液稳定的因素是什么？

3. DNA 和 RNA 的分子组成与分子结构有哪些区别？

4. 简述 DNA 双螺旋结构的要点。

（程燕飞）

第3章
酶

第1节 概　述

案例3-1

　　患者，女性，66岁，因长期食欲不振前来就诊，医嘱予胃蛋白酶和胰酶复方制剂口服。

问题：1. 医生给患者应用胃蛋白酶和胰酶复方制剂的目的是什么？

　　　2. 胃蛋白酶和胰酶复方制剂的作用原理是什么？

　　　3. 酶是什么？酶促反应的特点是什么？

一、酶的概念

　　酶是由活细胞合成的、对其特异底物起催化作用的蛋白质，也称为生物催化剂。20世纪80年代少数具有催化作用的核酸被发现，命名为核酶。酶所催化的化学反应称为酶促反应。在酶促反应中被酶催化的物质称底物（S）；催化反应生成的物质称产物（P）；酶所具有的催化能力称酶活性，若失去催化能力称酶失活。生物体由于酶的存在才能进行各种生化反应，呈现新陈代谢等各种生命活动。人类的疾病，很多与酶结构、功能和含量的改变有关。

二、酶促反应的特点

　　酶是一类生物催化剂，酶具有不同于一般催化剂的特点。

　　1. 高度的催化效率　酶的催化效率通常比非催化反应高 $10^8 \sim 10^{20}$ 倍，比一般催化剂高 $10^7 \sim 10^{13}$ 倍。例如，脲酶催化尿素水解的速度是 H^+ 催化作用的 7×10^{12} 倍。

　　2. 高度特异性　与一般催化剂不同，酶对其所催化的底物具有较严格的选择性。即酶只能催化一种或一类化合物，使其发生一定的化学反应，生成一定的产物，这种现象称为酶的特异性。酶根据对底物分子结构选择的严格程度不同可分三类。

　　（1）绝对特异性　酶只催化特定结构的底物，进行一种专一的反应，生成一种特定结构的产物。例如，脲酶只能催化尿素水解生成 NH_3 和 CO_2，而对尿素衍生物甲基尿素则无此水解作用。

　　（2）相对特异性　酶能催化一类化合物或一种化学键进行反应，称为相对特异性。例如，磷酸酶可水解磷酸酯键，只要含有磷酸酯键的磷酸酯类化合物都可以被其水解，只是水解的速度不同。

　　（3）立体异构特异性　有些酶只催化底物的一种立体异构体进行反应，而对另一种立体异构体无催化作用，酶对底物的这种选择性，称为立体异构特异性。例如，乳酸脱氢酶仅催化 L- 乳酸，而不作用于 D- 乳酸。

　　3. 高度不稳定性　酶的化学本质是蛋白质，一切能使蛋白质变性的理化因素（如强酸、强碱、重金属盐、有机溶剂、高温、紫外线、剧烈振荡等）都可以使酶变性失活。

4.酶的活性可调节性　酶促反应可受多种因素（如产物、底物、激素等）的调控，有的可提高酶的活性，有的可抑制酶的活性，从而适应不断变化的生命活动需要。

三、酶的命名与分类

（一）酶的命名

目前多采用习惯命名法。

1.根据酶所催化的底物命名　如催化淀粉水解的酶称淀粉酶。

2.根据酶所催化的反应类型命名　如催化脱氢反应的酶称脱氢酶。

3.根据酶所催化的底物和反应类型命名　如乳酸脱氢酶。

> **链接**
>
> **酶的系统命名法**
>
> 　　在习惯命名法中，酶的名称短，使用方便，但也缺乏系统性，常常出现一名数酶或一酶数名的现象。为了避免酶名称的重复，1961 年国际酶学委员会制订了酶的系统命名法。系统命名法强调必须标明酶的底物及催化反应的类型，如底物不止一个，则在两底物之间用"："隔开，如乳酸：NAD^+ 氧化还原酶。由于许多酶作用的底物是两个或多个，且化学名称较长，因此人们仍多使用习惯命名法。

（二）酶的分类

按照酶催化反应的类型不同，可将酶分为六类：氧化还原酶类、转移酶类、水解酶类、异构酶类、裂解酶类、合成酶类。

考点　酶促反应的概念及特点

第 2 节　酶的结构和功能

一、酶的分子组成

酶的化学本质是蛋白质，故酶具有蛋白质的各级结构。按分子组成不同，可将酶分为单纯酶和结合酶两类。

（一）单纯酶

仅含有蛋白质的酶称为单纯酶，如蛋白酶、淀粉酶、脂肪酶等。

（二）结合酶

结合酶由蛋白质部分和非蛋白质部分组成。前者称酶蛋白，后者称辅助因子。只有两者结合在一起时才具有催化活性，此完整的酶分子称全酶，酶蛋白和辅助因子单独存在时均无活性。

$$结合酶（全酶）= 酶蛋白 + 辅助因子$$

一种酶蛋白只能与一种辅助因子结合，而一种辅助因子可以和多种酶蛋白结合。因此酶蛋白决定酶的特异性，辅助因子决定反应类型，起接受或供给电子、原子或化学基团的作用。例如，乳酸脱氢酶催化的反应：

$$\begin{array}{c}CH_3\\|\\HCOH\\|\\COOH\end{array}\ +\ NAD^+\ \xrightleftharpoons{}\ \begin{array}{c}CH_3\\|\\C{=}O\\|\\COOH\end{array}\ +\ NADH\ +\ H^+$$

乳酸　　　　　辅酶　　　　　　丙酮酸

在这个反应中，NAD^+是乳酸脱氢酶的辅酶，具有传递氢和电子的作用。

辅助因子有两类：一类是无机金属离子，如Cu^{2+}、Mg^{2+}、Zn^{2+}、K^+等；另一类是小分子有机化合物，主要是B族维生素。根据辅助因子与酶蛋白结合牢固程度不同又分为辅酶和辅基。辅酶与酶蛋白结合疏松，可用透析等方法分离，而辅基与酶蛋白结合紧密，不能用透析等方法去除。

二、酶的活性中心

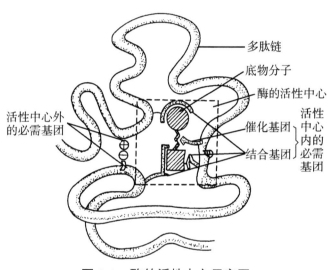

图 3-1　酶的活性中心示意图

酶的分子很大，在酶分子中与酶活性密切相关的基团称为酶的必需基团。这些必需基团在一级结构上可能相距很远，但在空间结构中酶的必需基团彼此靠近，形成具有一定空间构象的区域。酶分子中能与底物专一地结合并将底物转化为产物的特殊区域称为酶的活性中心（图 3-1）。

酶的必需基团有两类：一类是活性中心内的必需基团，包括结合基团和催化基团。结合基团能识别底物并与之结合，从而形成复合物，决定酶的专一性；催化基团可催化底物发生化学反应转化为产物，决定催化反应的性质；另一类是活性中心外的必需基团，维持活性中心的空间结构。酶的活性中心是酶分子中具有三维结构的区域，大多为凹陷和裂缝。

考点　酶的组成、酶的活性中心的概念

案例 3-2

　　患儿，男性，4岁，因恶心、呕吐1天就诊，父母陈述最近患儿食量较大，患儿问医生：为什么我吐出来的是酸的？医生解释说，因为你的呕吐物中含酸性物质，也就是盐酸，可以帮助消化蛋白质。

问题： 1. 帮助消化蛋白质的酶是什么酶？

　　　　2. 盐酸是如何帮助消化蛋白质的？

　　　　3. 何为酶原？酶原激活的实质是什么？酶原激活的生理意义是什么？

三、酶原与酶原激活

有些酶在细胞内合成或初分泌时没有催化活性，酶的这种无活性前体称为酶原。酶原在一定条件下转变为有活性的酶的过程称为酶原激活。

酶原激活实质上是酶的活性中心形成或暴露的过程。例如，胰蛋白酶原从胰腺初分泌时并无活性，当其随胰液进入小肠后，在 Ca^{2+} 存在下受肠激酶的激活，分子构象发生改变，从而形成酶的活性中心，成为有催化活性的胰蛋白酶（图 3-2）。

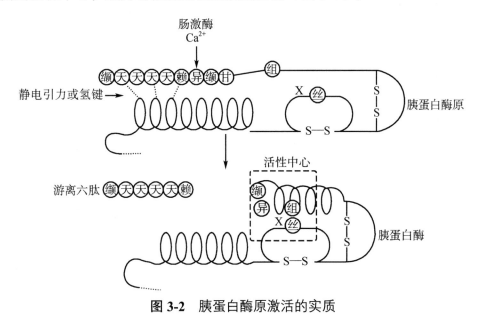

图 3-2　胰蛋白酶原激活的实质

某些酶以酶原形式合成或初分泌具有重要的生物学意义。消化管内蛋白酶以酶原的形式分泌，这样可以保护组织细胞不因酶的作用而发生自身消化。同时可保证酶在特定的部位、环境和特定的条件下发挥其特有的催化作用。血浆中凝血因子以无活性的酶原形式存在，能防止血液在血管内凝固。当机体发生出血时，无活性的酶原就能转变为有活性的酶，催化纤维蛋白原转变成纤维蛋白，促进血液凝固，发挥其对机体的保护作用。

考点 酶原的概念、酶原激活的实质、酶原激活的生理意义

四、同 工 酶

同工酶是指催化相同的化学反应，但酶蛋白的分子结构、理化性质及免疫学特性不同的一组酶。同工酶存在于同一种属或同一个体的不同组织；或同一细胞的不同亚细胞结构中，对代谢调节有重要作用。

现在已发现有百余种酶具有同工酶。发现最早且研究最多的同工酶是乳酸脱氢酶（LDH），由骨骼肌型（M 型）和心肌型（H 型）两种亚基构成，分为 LDH_1（H_4）、LDH_2（H_3M）、LDH_3（H_2M_2）、LDH_4（HM_3）、LDH_5（M_4）五种同工酶（图 3-3）。

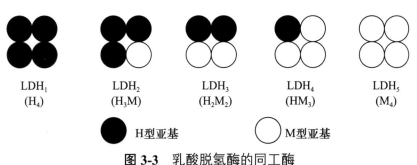

图 3-3　乳酸脱氢酶的同工酶

LDH 同工酶在不同组织器官中的种类、含量和分布比例不同，使不同组织器官有各自的代谢特点和同工酶谱（表 3-1）。

LDH 同工酶	心肌	肺	肾	肝	骨骼肌
表 3-1 人体各组织器官中 LDH 同工酶分布（%）					
LDH$_1$	73	14	43	2	0
LDH$_2$	24	34	44	4	0
LDH$_3$	3	35	12	11	5
LDH$_4$	0	5	1	27	16
LDH$_5$	0	12	0	56	79

同工酶的测定对于疾病的诊断具有重要意义。当某组织细胞发生病变时，其中特异的同工酶就会释放入血，如正常情况下心肌中 LDH$_1$ 含量最多，LDH$_5$ 在肝、骨骼肌中含量较高。当发生急性心肌梗死或心肌细胞损伤时，心肌中的 LDH$_1$ 会大量释放入血，致使血清中 LDH$_1 >$ LDH$_2$。肝病变时会引起血清中 LDH$_5$ 活性明显升高。

五、酶的作用机制

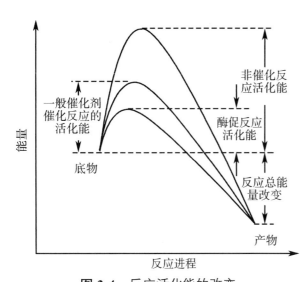

图 3-4　反应活化能的改变

（一）酶可降低反应的活化能

反应物从初态转变为活化状态所需要的能量为活化能。酶比一般催化剂能更有效地降低反应所需活化能，使底物只需较少能量就可进入到活化状态转变为产物（图 3-4）。

（二）酶 – 底物复合物的形成

现已证实，酶在催化反应时，先是底物（S）与酶（E）的活性中心靠近，生成酶 - 底物复合物（ES），然后再分解为反应产物（P），并同时释放出酶（E）。释放出的酶又与底物结合，继续发挥其催化功能，所以少量酶就可催化大量的底物。可用反应式表示：

$$E+S \rightleftharpoons ES \longrightarrow E+P$$

第 3 节　影响酶促反应速度的因素

酶促反应速度表示单位时间内底物的消耗量（或减少量）或产物的生成量。酶活性的充分发挥是决定酶促反应速度的主要因素。酶是蛋白质，酶蛋白的空间构象受很多因素的影响，从而影响酶的活性。因此，研究影响酶促反应速度的各种因素对疾病的诊断和治疗有着重要的意义。

一、底物浓度

在酶浓度及其他条件不变的情况下，反应速度（V）与底物浓度（[S]）的关系可用矩形双曲线表示（图 3-5）。在酶量恒定、底物浓度很低时，反应速度随着底物浓度的增加而加快，两者成正比关系；随着底物浓度继续增大，反应速度增高的趋势渐缓；若再增大底物浓度，反应速度不再加快，即达到最大反应速度（V_{max}），此时酶的活性中心已被底物饱和。K_m 称为米氏常数，是酶促反应速率达到最大反应速率一半（$1/2 V_{max}$）时的底物浓度，可表示酶与底物的亲和力。

二、酶 浓 度

在底物浓度足够大及其他条件不变时，反应速度（V）与酶浓度（[E]）成正比关系（图 3-6）。即酶浓度越高反应速度越快。

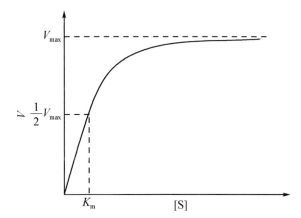

图 3-5 底物浓度对酶促反应速度的影响

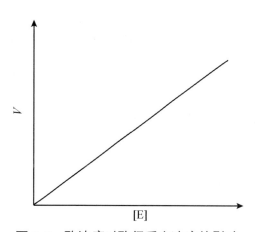

图 3-6 酶浓度对酶促反应速度的影响

案例 3-3

刘某，男性，12 岁，复种乙肝疫苗时发现医生是从冰箱中取出疫苗后进行注射，刘某问医生：为什么疫苗要放在冰箱里面呢？医生解释说，低温可以保证疫苗的抗原活性。

问题： 1. 为什么低温可以保持疫苗的抗原活性呢？

2. 人体酶促反应的最适温度是多少？

三、温 度

酶是生物催化剂，温度对酶促反应速度有双重影响：在低温状态下，温度的升高，可以加速酶促反应进程，在低温时酶活性降低但结构没有破坏，一旦温度回升酶活性便可恢复。

酶促反应速度达到最大值时的环境温度称为酶的最适温度（图 3-7）。人体内大多数

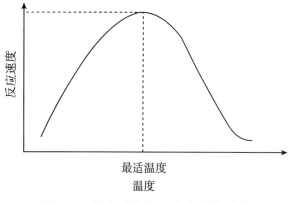

图 3-7 温度对酶促反应速度的影响

酶的最适温度在 37℃ 左右。高于最适温度继续升温时，酶蛋白由于高温变性而失活，酶促反应速度减慢。许多酶在 60℃ 以上开始变性，80℃ 时多数酶的变性已不可逆。

温度对酶促反应速度的影响在临床上具有重要意义。例如，临床上低温麻醉就是利用酶的这一性质来减慢细胞代谢速度，从而提高人体对氧和营养物质缺乏的耐受性；又如，利用高温使酶变性的原理进行消毒灭菌。

四、pH

环境 pH 对酶活性影响很大。一种酶在一定 pH 时活性最大，酶催化能力最强时所处环

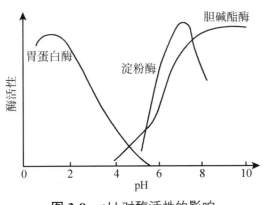

图 3-8　pH 对酶活性的影响

境的 pH 称为酶的最适 pH（图 3-8）。pH 能影响酶与底物的解离，也影响酶分子活性中心必需基团的解离，从而影响酶与底物的结合。各种酶的最适 pH 不同，生物体内大多数酶的最适 pH 接近中性，但也有例外，如胃蛋白酶的最适 pH 为 1.8。溶液的 pH 高于或低于最适 pH 时，酶的活性降低。偏离最适 pH 越远，酶活性越低，甚至可使酶变性失活。因此在测定酶活性时，要选择适宜的缓冲溶液，以保持酶活性的相对恒定。

五、激 活 剂

凡能使酶从无活性变成有活性或使酶活性增高的物质称为酶的激活剂。激活剂主要是无机离子或简单的有机化合物，如 Ca^{2+}、Mg^{2+}、Fe^{2+}、K^+、Zn^{2+}、I^- 及胆汁酸盐等。激活剂分为必需激活剂和非必需激活剂两类。

1.必需激活剂　大多数金属离子激活剂是酶促反应不可缺少的，否则酶将失去催化活性，这类激活剂称为酶的必需激活剂，如 Mg^{2+} 是激酶的必需激活剂。

2.非必需激活剂　可使酶的活性升高，但没有它，酶还是有活性的，酶促反应仍能进行，如 Cl^- 是淀粉酶的非必需激活剂。

六、抑 制 剂

凡能使酶活性降低，但又不使酶变性的物质称酶的抑制剂（I）。

抑制剂对酶有一定的选择性，多与酶的活性中心内外的必需基团结合，从而抑制酶的催化活性，去除抑制剂后酶仍可表现其原有活性。而引起酶变性的因素（强酸、强碱等）则对酶没有选择性。根据抑制剂与酶结合的紧密程度不同，酶的抑制作用可分两类。

（一）不可逆性抑制

抑制剂通常以共价键与酶活性中心的必需基团结合，使酶失活。因结合牢固，用透析等物理方法不能将其除去，因此称为不可逆性抑制。

例如，胆碱酯酶可催化乙酰胆碱水解生成胆碱和乙酸。敌敌畏、敌百虫等有机磷农药能

专一性地与胆碱酯酶活性中心丝氨酸残基的羟基结合，使酶失去活性，导致乙酰胆碱蓄积，造成迷走神经毒性兴奋状态，表现出恶心、呕吐、多汗、心率减慢、呼吸困难、肌肉震颤、瞳孔缩小、惊厥等一系列中毒症状。

$$\text{有机磷化合物} + HO\text{—}E \longrightarrow \text{失活的酶} + HX$$

| 有机磷化合物 | 羟基酶 | 失活的酶 | 酸 |

对于有机磷农药中毒，临床上常通过应用解磷定等药物置换结合于胆碱酯酶上的磷酰基，从而解除有机磷农药对胆碱酯酶的抑制作用，恢复酶活性。

| 磷酰化酶 | 解磷定 | 磷酰化解磷定 | 活性酶 |

某些重金属离子（Hg^{2+}、Ag^{2+} 等）可与酶分子上的巯基（—SH）结合，使巯基酶失活导致人畜中毒。临床上常用含巯基的二巯基丙醇等化合物取代酶分子上的重金属离子从而使酶恢复活性。

（二）可逆性抑制

抑制剂以非共价键与酶结合，使酶的活性降低或丧失。用透析等物理方法可将其去除，使酶恢复活性，因此称可逆性抑制。可逆性抑制又分为竞争性抑制和非竞争性抑制。

1. 竞争性抑制　抑制剂与底物结构相似，可与底物竞争酶的活性中心，从而阻碍酶与底物的结合，酶的活性受到抑制。

竞争性抑制作用的强弱取决于抑制剂和底物的相对浓度和两者亲和力的大小。可用增加底物浓度的办法减轻或消除抑制作用。例如，丙二酸对琥珀酸脱氢酶有抑制作用，是因为丙二酸与琥珀酸结构相似。丙二酸浓度增大时抑制作用增强；而增加琥珀酸的浓度则可使抑制作用减弱。

$$\begin{array}{ccccc} E & + & S & \rightleftharpoons & ES \longrightarrow E + P \\ + & & & & \\ I & & & & \\ \updownarrow & & & & \\ EI & & & & \end{array}$$

竞争性抑制作用在临床上应用广泛。以磺胺类药物的抑菌作用为例：细菌进入人体后可利用对氨基苯甲酸（PABA）经二氢叶酸（FH_2）合成酶催化合成二氢叶酸，二氢叶酸再进一步生成四氢叶酸（FH_4）而参与合成核酸，细菌得以繁殖生长。而磺胺类药物与对氨基苯甲酸结构相似，可竞争二氢叶酸合成酶的活性中心，抑制其活性，影响二氢叶酸的合成，进而使细菌内四氢叶酸的生成受阻，核酸合成障碍，导致细菌生长繁殖受抑制（图3-9）。

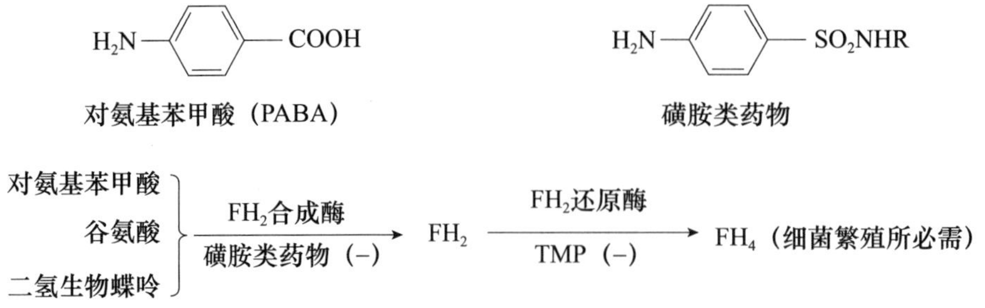

$$H_2N--COOH$$

对氨基苯甲酸（PABA）

$$H_2N--SO_2NHR$$

磺胺类药物

$$\left.\begin{array}{l}\text{对氨基苯甲酸}\\\text{谷氨酸}\\\text{二氢生物蝶呤}\end{array}\right\}\xrightarrow[\text{磺胺类药物（−）}]{FH_2\text{合成酶}} FH_2 \xrightarrow[\text{TMP（−）}]{FH_2\text{还原酶}} FH_4\text{（细菌繁殖所必需）}$$

图3-9　磺胺类药物的抑菌机制

2. 非竞争性抑制　抑制剂与底物结构无相似之处，抑制剂与酶活性中心外的必需基团可逆结合，酶的活性受到抑制。对酶的抑制程度只取决于抑制剂浓度的大小。

考点　温度对酶促反应速度的影响；pH对酶促反应速度的影响；磺胺类药物的抑菌机制

第4节　酶与医学的关系

1. 酶与疾病的发生　有些疾病的发生是由于某些酶缺损或受到抑制。例如，乳糖酶可水解乳汁中的乳糖，婴儿缺乏此酶会引起腹泻；葡萄糖-6-磷酸脱氢酶缺乏可导致葡萄糖-6-磷酸脱氢酶缺乏症（蚕豆病）；氰化物中毒是由于体内细胞色素氧化酶的活性受到了抑制；有机磷农药中毒是由于体内胆碱酯酶的活性受到了抑制。

2. 酶与疾病的诊断　当机体某些组织、器官发生病变时，可致血液等体液中相应酶的活性发生改变，临床上可通过测定血清中酶的活性来辅助诊断疾病。例如，急性肝炎时血浆中ALT活性升高；急性胰腺炎时血清中淀粉酶活性升高；肝功能低下时凝血酶原活性下降。

3. 酶与疾病的治疗　酶作为药物用于疾病治疗已被人们所认识。酶作为药物可用于助消化，如胃蛋白酶等；在外科扩创、化脓伤口的清创（如胰蛋白酶、溶菌酶等）及溶栓（链激酶、尿激酶、纤溶酶等）等方面应用广泛。

医者仁心　　　　　中国近代生物化学科研事业的奠基人——王应睐

王应睐（1907.11.23—2001.5.5），福建金门人，生物化学家，中国近代生物化学科研事业的主要奠基人。主要研究酶化学与营养代谢，对维生素、血红蛋白、琥珀酸脱氢酶进行了深入的研究。他发现酶朊与FAD是以共价键结合，并受底物与磷酸盐等物激活，这项工作是酶朊研究的重要突破。他成功组织并在世界上首次完成人工合成具有生物活力的牛胰岛素和酵母丙氨酸转移核糖核酸两项重大基础性研究工作。王应睐为人谦和敦厚，一生心怀祖国生化事业，为中国的生化科学事业发展做出了杰出的贡献。

自 测 题

一、名词解释

1. 酶

2. 酶的活性中心

3. 酶原

二、填空题

1. 酶具有 _____、_____、_____ 和 _____ 等催化特点。

2. 全酶由 _____ 和 _____ 组成，在催化反应时，二者所起的作用不同，其中 _____ 决定酶的专一性和高效率，_____ 起传递电子、原子或化学基团的作用。

3. 酶活性中心的必需基团分为 _____ 和 _____ 两种，其中 _____ 直接与底物结合，决定酶的专一性，_____ 是发生化学变化的部位，决定催化反应的性质。

4. 乳酸脱氢酶有 _____ 种 _____ 个亚基组成。体内有 _____ 种乳酸脱氢酶的同工酶，在临床诊断上有应用价值。

5. 影响酶促反应速度的因素有 _____、_____、_____、_____、_____ 和 _____。

三、单选题

1. 辅酶与辅基的主要区别是（   ）

A. 分子大小不同

B. 与酶蛋白结合牢固程度不同

C. 化学本质

D. 催化作用不同

E. 以上都不是

2. 脲酶只能催化尿素水解，而对尿素的衍生物不起作用为何特点（   ）

A. 高催化效率

B. 绝对特异性

C. 相对特异性

D. 立体异构特异性

E. 活性可调节性

3. 酶原存在的生理意义是（   ）

A. 加速代谢

B. 避免自身损伤

C. 使酶活性升高

D. 恢复酶的活性

E. 使酶促反应进行

4. 肝及肌组织中活性最高的是（   ）

A. LDH_1 B. LDH_2

C. LDH_3 D. LDH_4

E. LDH_5

四、简答题

简述酶促反应的特点。

（高宝珍）

第4章 维生素

第1节 概　述

一、维生素的概念

维生素是维持人体正常生理功能所必需的营养素，是人体内不能合成或合成量甚少，必须由食物供给的一类低分子有机化合物。维生素在调节人体物质代谢和维持正常生理功能等方面发挥着极其重要的作用。

二、维生素的分类

根据溶解性不同，维生素可分为脂溶性和水溶性两大类。

脂溶性维生素有维生素 A、维生素 D、维生素 E、维生素 K；水溶性维生素包括维生素 B 族（维生素 B_1、维生素 B_2、维生素 PP、维生素 B_6、泛酸、叶酸、生物素、维生素 B_{12}）和维生素 C。

（一）脂溶性维生素

1. 不溶于水而溶于脂肪及有机溶剂。

2. 常与脂类共存，吸收与脂类相关。

3. 主要储存于肝脏，摄取过多，可引起中毒。

（二）水溶性维生素

1. 溶于水，易从尿中排出，一般无毒。

2. 体内没有非功能性的单纯储存形式。

3. 在体内不易储存，易出现缺乏症。

三、维生素缺乏症的原因

1. 食物储存、加工、烹调不合理使维生素大量破坏或丢失。

2. 疾病导致机体吸收障碍。

3. 生理或病理需要量增加而未及时补充。

4. 某些药物使用不当导致维生素缺乏。

考点 维生素的概念、维生素的分类

第 2 节 脂溶性维生素

一、维 生 素 A

1. 来源 动物的肝脏、鱼肝油、奶类、蛋类及鱼卵是最好的维生素 A 来源。植物性食物，胡萝卜、菠菜、苋菜、杏、芒果等含 β- 胡萝卜素，后者在肠壁及肝中可转变为维生素 A，称为维生素 A 原。天然维生素 A 有维生素 A_1（视黄醇）和维生素 A_2（3- 脱氢视黄醇）。维生素 A_1 主要存在于哺乳动物和海水鱼中；维生素 A_2 主要存在于淡水鱼中，生物活性为维生素 A_1 的 30% ～ 40%。

2. 功能及缺乏症 视黄醇、视黄醛和视黄酸是维生素 A 的活性形式，视黄醇与视黄醛之间的氧化脱氢反应是可逆反应，视黄醛氧化脱氢为视黄酸是不可逆反应。

（1）维生素 A 调控细胞的生长和分化 维生素 A 活性形式之一的视黄酸对于维持上皮组织正常形态与生长具有重要作用，维生素 A 有预防眼结膜、泪腺、鼻腔、消化器官、生殖器内膜、汗腺及皮脂腺等黏膜变质、干燥及角质化的功能。当维生素 A 缺乏时，可引起上皮组织干燥、增生和角化等，引起角膜干燥，出现眼干燥症（又称干眼症或干眼病），故维生素 A 又称为抗干眼症维生素。

（2）维生素 A 与正常视觉的关系 11-顺视黄醛与视蛋白结合，生成视网膜的感光物质视紫红质。当感受弱光时，11- 顺视黄醛迅速异构为全反视黄醛而与视蛋白分离，同时产生神经冲动，传导至大脑视觉中枢，形成视觉。视紫红质分解后又立即再合成，从而构成视循环。维生素 A 缺乏时，11- 顺视黄醛不足，视紫红质合成减少，眼睛对弱光的敏感性下降，导致暗适应时间延长，严重时可发生夜盲症（图 4-1）。

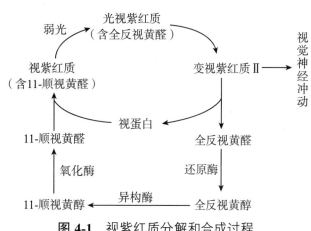

图 4-1 视紫红质分解和合成过程

（3）维生素 A 和胡萝卜素是有效的抗氧化剂 维生素 A 和胡萝卜素可在氧分压较低的条件下，直接消灭自由基，有助于控制细胞膜及脂质组织的脂质过氧化。

（4）维生素 A 具有抗癌作用 维生素 A 及其衍生物对于免疫系统细胞的分化具有重要作用，并具有抗癌作用。动物实验表明，摄入维生素 A 具有减轻致癌物质的作用。

维生素 A 过量可引起中毒，其症状主要有头痛、恶心、共济失调等中枢神经系统表现；肝细胞损伤和高脂血症；高钙血症等钙稳态失调的表现。

考点 维生素 A 的功能、活性形式及维生素 A 原的概念

案例 4-1

患者，女性，72 岁，因做饭时突发胸背部疼痛伴活动受限 3 天，由家属陪同来医院就诊。入院诊断：第 10 胸椎压缩性骨折。患者自诉，平素活动少，因居住在六楼，除购买生活必需品外一般不下楼。系统检查后行"胸 10 椎体骨质疏松性骨折经皮微创椎体成形术"，出院前医生叮嘱：补充钙质，多晒太阳，适当运动。

问题： 1. 患者患病可能与缺乏哪种维生素有关？

2. 医嘱的哪项内容可以补充该种维生素？该种维生素的活性形式是什么？

二、维生素 D

1. 来源　维生素 D 是类固醇的衍生物，有两种主要形式：维生素 D_2 和维生素 D_3。

鱼肝油、动物肝脏和蛋黄富含维生素 D_3，维生素 D_2 来自植物性食品。维生素 D_2 和维生素 D_3 可分别从麦角甾醇和 7- 去氢胆固醇经紫外线照射后转化得到。维生素 D 没有生物学活性，必须在肝、肾发生两次羟基化生成活性最高的 1, 25-$(OH)_2$-D_3 后才能发挥作用（图 4-2）。

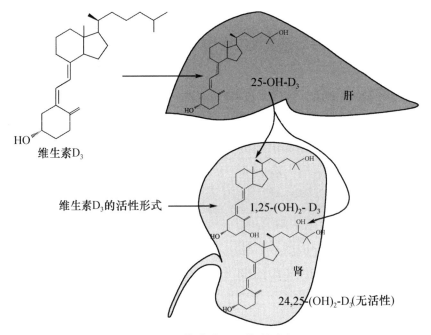

图 4-2　维生素 D_3 代谢途径

2. 功能及缺乏症

（1）调节血钙水平　1, 25-$(OH)_2$-D_3 通过调节相关基因的表达和信号转导系统来发挥其对钙、磷代谢的快速调节。当缺乏维生素 D 时，成骨作用发生障碍，儿童可发生佝偻病，成人可引起软骨病，临床上常用维生素 D 防治佝偻病、骨软化症及老年性骨质疏松症等。

（2）影响细胞分化　1, 25-$(OH)_2$-D_3 具有调节机体多处组织细胞分化的功能，如调节皮肤、乳腺、心、脑、胰岛 B 细胞、单核细胞、活化的 T 淋巴细胞和 B 淋巴细胞等组织细胞的分化。维生素 D 缺乏可引起自身免疫性疾病。

过量服用维生素 D 可导致中毒，引起头痛、呕吐、肝损伤等症状。

考点 维生素 D 的活性形式及功能

三、维生素 E

1. 来源 维生素 E 是一类与生育有关的维生素的总称，又称生育酚。各种植物油，尤其是麦胚油、玉米油、花生油及棉籽油中维生素 E 含量较多。

2. 功能及缺乏症

（1）抗氧化作用 维生素 E 能对抗自由基，对生物膜的结构和功能起到保护、稳定和调控作用。

（2）与动物生殖功能有关 动物在缺乏维生素 E 时其生殖器官发育受损，严重时可引起不育。

（3）促进血红素合成 维生素 E 能提高血红素合成过程中的关键酶 δ- 氨基 -γ- 酮戊酸（ALA）合酶和 ALA 脱水酶的活性，促进血红素的合成。

维生素 E 一般不易缺乏，在发生某些脂肪吸收障碍等疾病时可引起缺乏，表现为红细胞数量减少，寿命缩短，体外实验可见红细胞脆性增加等贫血症，偶可引起神经功能障碍。临床用于习惯性流产、不孕症及进行性肌营养不良、间歇性跛行及动脉粥样硬化等的防治。此外，可用于延缓衰老。

长期过量服用可产生眩晕、视物模糊等毒副作用，并可导致血小板聚集及血栓形成。

四、维生素 K

1. 来源 维生素 K 是一类能促进血液凝固的萘醌衍生物。广泛存在于自然界的维生素 K 有维生素 K_1 和维生素 K_2。维生素 K 分布较广，其中维生素 K_1 在绿叶植物及动物肝脏中含量丰富，维生素 K_2 则是人体肠道细菌的代谢产物。临床上常用人工合成的维生素 K_3 和维生素 K_4。

2. 功能及缺乏症 维生素 K 作为辅酶在肝脏参与凝血因子 Ⅱ、Ⅶ、Ⅸ、Ⅹ 的合成。维生素 K 缺乏将导致以上凝血因子减少，造成凝血障碍，可导致出血倾向和凝血时间延长。

维生素 K 来源广泛，故一般不易缺乏。但胰腺疾病、胆管疾病及小肠黏膜萎缩等疾病及长期应用广谱抗生素时，可引起维生素 K 缺乏。维生素 K 缺乏可使凝血时间延长，常引起皮下、肌肉、胃肠道出血。

第 3 节 水溶性维生素

一、维生素 B_1

1. 来源 维生素 B_1 又名硫胺素，维生素 B_1 含量丰富的食物有粮谷类、瘦肉、豆类、干果类、酵母、蔬菜、鸡蛋等，尤其在粮谷类的表皮部分含量更高。

2. 功能及缺乏症 维生素 B_1 在体内的活性形式是焦磷酸硫胺素（TPP）。TPP 是 α- 酮酸氧化脱羧酶多酶复合物的辅酶，参与体内 α- 酮酸的氧化脱羧反应。

维生素 B_1 缺乏时，以糖有氧分解供能为主的神经组织供能不足和神经细胞膜髓鞘磷脂合成受阻，导致慢性末梢神经炎和其他神经肌肉变性病变，即维生素 B_1 缺乏症（脚气病）。

维生素 B_1 可抑制胆碱酯酶活性，减少乙酰胆碱水解。维生素 B_1 缺乏时乙酰胆碱因过量水解而含量不足，导致神经传导受阻，可出现食欲不振、消化不良等症状。

二、维生素 B_2

1. 来源 维生素 B_2 又名核黄素，动物肝脏、心脏、肾脏、蛋黄、奶及奶制品等是维生素 B_2 的丰富来源。

2. 功能及缺乏症 维生素 B_2 在体内的活性形式是黄素单核苷酸（FMN）及黄素腺嘌呤二核苷酸（FAD）。FMN 和 FAD 是体内氧化还原酶的辅基，在体内生物氧化过程中起递氢体的作用。它们参与氧化呼吸链、脂肪酸和氨基酸的氧化及三羧酸循环。维生素 B_2 缺乏会影响机体的生物氧化，使代谢发生障碍，出现能量和物质代谢紊乱，表现为口、眼和外生殖器部位炎症，如口角炎、唇炎、舌炎、眼结膜炎和阴囊炎等。

考点 维生素 B_2 的活性形式及功能

三、维生素 PP

1. 来源 维生素 PP 包括烟酸（尼克酸）和烟酰胺（尼克酰胺）。维生素 PP 广泛存在于自然界，富含维生素 PP 的食物为动物肝脏、酵母、花生、豆类及肉类。

2. 功能及缺乏症 烟酰胺腺嘌呤二核苷酸（NAD^+）和烟酰胺腺嘌呤二核苷酸磷酸（$NADP^+$）是维生素 PP 在体内的活性形式，是多种不需氧脱氢酶的辅酶。

人类维生素 PP 缺乏症称为烟酸缺乏症（又称癞皮病或糙皮病），其典型症状为皮炎、腹泻及痴呆，即"三 D"症，患者早期常有食欲不振、消化不良、腹泻、失眠、头痛、无力、体重减轻等现象。抗结核药物异烟肼的结构与维生素 PP 相似，两者有拮抗作用，长期服用异烟肼可能引起维生素 PP 缺乏。

考点 维生素 PP 的活性形式及功能

四、维生素 B_6

1. 来源 维生素 B_6 广泛地存在于动物肝脏、鱼、肉类、豆类、坚果中。

2. 功能及缺乏症 维生素 B_6 包括吡哆醇、吡哆醛及吡哆胺，其活性形式是磷酸吡哆醛和磷酸吡哆胺，两者可相互转变。

（1）磷酸吡哆醛可加快氨基酸和钾进入细胞的速率。还参与氨基酸脱氨基与转氨基作用，在转氨基作用中起到了载运氨基的作用。

（2）磷酸吡哆醛是谷氨酸脱羧酶的辅酶，可促进大脑中谷氨酸脱羧生成抑制性神经递质 γ- 氨基丁酸，临床上用维生素 B_6 治疗小儿惊厥、妊娠呕吐和精神焦虑等。

目前尚未发现维生素 B_6 缺乏的典型病例。抗结核药物异烟肼能与磷酸吡哆醛结合，使其失去辅酶的作用，所以在长期或大剂量使用异烟肼时，应补充维生素 B_6，拮抗其神经系统毒性。过量服用维生素 B_6 可引起中毒。

五、泛　酸

1. 来源　泛酸又称遍多酸，来源广泛，普遍存在于动植物中。

2. 功能及缺乏症　辅酶 A（CoA）及酰基载体蛋白（ACP）为泛酸在体内的活性形式。在体内 CoA 及 ACP 构成酰基转移酶的辅酶，具有转移酰基的作用，在糖、脂类、蛋白质代谢及肝的生物转化中起着相当重要的作用。泛酸缺乏症少见。

六、生　物　素

1. 来源　生物素（维生素 B_7）来源极其广泛，分布于酵母、动物肝脏、蛋类、花生、牛奶和鱼类中，人体肠道细菌也能合成。

2. 功能及缺乏症　生物素是体内多种羧化酶的辅酶，在二氧化碳（CO_2）固定反应中起重要作用，如作为丙酮酸羧化酶、乙酰 CoA 羧化酶的辅酶，参与 CO_2 的固定。

生物素缺乏症很少出现，新鲜鸡蛋中有一种抗生物素蛋白，它能与生物素结合使其失去活性而不被吸收。蛋清被加热后这种蛋白便会被破坏，也就不再妨碍生物素的吸收了。另外，长期使用抗生素可抑制肠道细菌生长，也可能造成生物素的缺乏，生物素缺乏可表现为疲乏、恶心、呕吐、食欲不振、皮炎及脱屑性红皮病。

七、叶　酸

1. 来源　叶酸主要分布于绿叶蔬菜、水果、动物肝脏、肾脏和酵母中。

2. 功能及缺乏症　叶酸（F）在小肠、肝等部位被加氢还原为二氢叶酸（FH_2），进一步还原生成四氢叶酸（FH_4）。四氢叶酸（FH_4）是叶酸的活性形式。FH_4 是体内一碳单位转移酶的辅酶，分子中的 N^5、N^{10} 是一碳单位的结合位点。FH_4 是一碳单位的载体，一碳单位参与嘌呤、胸腺嘧啶核苷酸等多种物质的合成，因此在核酸的生物合成和蛋白质的生物合成过程中有极其重要的作用。

$$叶酸（F）+NADPH \longrightarrow 5,6\text{-}二氢叶酸（FH_2）+NADP^+$$

$$二氢叶酸（FH_2）+NADPH \longrightarrow 5,6,7,8\text{-}四氢叶酸（FH_4）+NADP^+$$

叶酸是骨髓红细胞成熟和分裂所必需的物质，叶酸缺乏时，DNA 合成会受到抑制，使骨髓幼红细胞 DNA 合成减少，细胞分裂速度降低，细胞体积变大，造成巨幼红细胞贫血。

八、维 生 素 B_{12}

1. 来源　维生素 B_{12} 又称钴胺素，是唯一含金属元素的维生素。维生素 B_{12} 主要来源于动物性食物，动物肝脏为维生素 B_{12} 的最好来源，其次为蛋类、鱼、动物心脏、动物肾脏、奶及奶制品等。植物性食物基本上不含维生素 B_{12}，故严格素食者易患维生素 B_{12} 缺乏症。

2. 功能及缺乏症　甲钴胺素和 5′- 脱氧腺苷钴胺素是维生素 B_{12} 活性形式。甲钴胺素是

N^5- 甲基四氢叶酸甲基转移酶的辅酶，参与甲基的转移，产生四氢叶酸和甲硫氨酸。当维生素 B_{12} 缺乏时，会影响 FH_4 的产生，可引起巨幼细胞贫血。维生素 B_{12} 的缺乏症少见，偶见于有严重吸收障碍疾病的患者及长期素食者。

案例 4-2

　　患者，男性，68 岁，因发热、头痛、咳嗽、口干、咽喉疼痛 2 天就诊。初步诊断为风热感冒。医嘱给予维 C 银翘片口服。

问题： 1. 感冒药里面为什么要加维生素 C？维生素 C 有什么作用？

　　　　 2. 维 C 银翘片中利用了维生素 C 的哪些功效？

九、维生素 C

1. 来源　维生素 C 主要来源于新鲜的蔬菜和水果。植物组织中含抗坏血酸氧化酶，可将维生素 C 氧化灭活为二酮古洛糖酸，故蔬菜和水果若储存过久，其中维生素 C 的含量会大量减少。维生素 C 对碱和热不稳定，故烹饪不当可引起维生素 C 的破坏丢失。

2. 功能及缺乏症　维生素 C 又称抗坏血酸，抗坏血酸分子中 C_2 和 C_3 位的羟基可以氧化脱氢生成脱氢抗坏血酸，后者又可接受氢再还原成抗坏血酸。

（1）参与羟化反应　维生素 C 是一些羟化酶的辅酶。维生素 C 是胶原脯氨酸羟化酶和赖氨酸羟化酶维持活性所必需的辅助因子，可促进成熟的胶原分子的生成。胶原是结缔组织、骨和毛细血管的重要组成成分。维生素 C 缺乏时可患维生素 C 缺乏症（坏血病），主要为胶原蛋白合成障碍所致，表现为毛细血管脆性增加，牙龈肿胀与出血，牙齿松动、脱落，皮肤出现瘀点、瘀斑，关节出血形成血肿，鼻出血，便血等。

维生素 C 是胆汁酸合成的限速酶 7α- 羟化酶的辅酶，参与胆固醇在肝脏转化生成胆汁酸。维生素 C 缺乏可直接影响胆固醇的转化，从而增加动脉粥样硬化的危险性。维生素 C 还参与机体对非营养物质的生物转化作用，可促进药物和毒物排出体外。

（2）参与氧化还原反应　维生素 C 是还原剂，具有保护巯基酶的作用，可使巯基酶的—SH 保持还原状态。维生素 C 在谷胱甘肽还原酶作用下，可使氧化型谷胱甘肽（G—S—S—G）还原成还原型谷胱甘肽（G—SH）。G—SH 可清除细胞膜的过氧化物，从而起到保护细胞膜的作用。

维生素 C 能使红细胞中高铁血红蛋白（MHb）还原为血红蛋白（Hb），使其恢复运氧能力，还可使小肠中食物中的 Fe^{3+} 还原成 Fe^{2+}，有利于食物中铁的吸收。

（3）维生素 C 具有增强机体免疫力的作用。

考点　维生素 C 的功能，缺乏病

脂溶性维生素和水溶性维生素的主要来源、活性形式、主要生理功能及缺乏症见表 4-1、表 4-2。

表 4-1　脂溶性维生素的主要来源、活性形式、主要生理功能及缺乏症

名称	主要来源	活性形式	主要生理功能	典型缺乏症
维生素 A（抗干眼症维生素）	动物肝脏、蛋黄、奶类、鱼肝油、胡萝卜、菠菜、苋菜、杏、芒果	视黄醇、视黄醛、视黄酸	1. 调控细胞生长分化 2. 构成视觉细胞内感光物质 3. 抗氧化 4. 抗癌作用	夜盲症 眼干燥症
维生素 D（钙化醇、抗佝偻病维生素）	鱼肝油、蛋黄、动物肝脏、皮下 7- 脱氢胆固醇在紫外线照射下转化	1,25-$(OH)_2$-D_3	1. 促进小肠对钙、磷的吸收，有利于骨的钙化 2. 影响细胞分化	佝偻病（儿童） 骨软化症（成人）
维生素 E（生育酚）	植物油	生育酚	1. 抗氧化作用 2. 与动物生殖功能有关 3. 促进血红素的合成	一般不易缺乏
维生素 K（凝血维生素）	绿叶植物、动物肝脏、肠道细菌合成	2- 甲基 -1,4- 萘醌	促进凝血因子 II、VII、IX、X 的合成	凝血障碍

表 4-2　水溶性维生素的主要来源、活性形式、主要生理功能及缺乏症

名称	主要来源	活性形式	主要生理功能	典型缺乏症
维生素 B_1（硫胺素、抗脚气病维生素）	粮谷类、豆类、酵母、瘦肉、干果类、蔬菜、鸡蛋	TPP	1. α- 酮酸氧化脱羧酶的辅酶 2. 抑制胆碱酯酶活性	脚气病、末梢神经炎
维生素 B_2（核黄素）	动物肝脏、心脏、肾脏、蛋黄、奶及奶制品	FMN、FAD	参与构成黄素酶的辅基，在生物氧化中起递氢作用	口角炎、唇炎、舌炎、眼结膜炎、阴囊炎等
维生素 PP（抗糙皮病维生素）	动物肝脏、酵母、花生、豆类及肉类	NAD^+、$NADP^+$	构成不需氧脱氢酶的辅酶，在生物氧化中起递氢作用	烟酸缺乏症（糙皮病）
维生素 B_6	动物肝脏、鱼、肉类、豆类、坚果	磷酸吡哆醛、磷酸吡哆胺	构成氨基转移酶和氨基酸脱羧酶的辅酶、ALA 合酶的辅酶	人类未发现典型缺乏症
生物素（维生素 B_7）	动物肝脏、蛋类、牛奶、花生、鱼类，人体肠道细菌也能合成	本身具有生理活性	构成羧化酶的辅酶，参与物质代谢的羧化反应	很少出现
泛酸（遍多酸）	动、植物内均含有	CoA、ACP	构成 CoA，是酰基转移酶的辅酶，可转移酰基	人类未发现典型缺乏症
叶酸	绿叶蔬菜、水果、动物肝脏、肾脏、酵母	四氢叶酸	构成一碳单位转移酶的辅酶，参与核酸合成，促进红细胞成熟等	巨幼细胞贫血
维生素 B_{12}	动物心脏、动物肾脏、蛋类、鱼、奶及奶制品	甲钴胺素、5'- 脱氧腺苷钴胺素	作为甲基转移酶的辅酶，促进核酸合成，促进红细胞成熟	巨幼细胞贫血

续表

名称	主要来源	活性形式	主要生理功能	典型缺乏症
维生素 C（L- 抗坏血酸）	新鲜水果、蔬菜	抗坏血酸	1. 参与体内多种羟化反应 2. 参与体内氧化还原反应 3. 增强机体免疫力	坏血病

医者仁心

吴瑞：中国旅美生化和分子生物学家的贡献

吴瑞，生于 1929 年。他建立了第一个依据位点特异引物延长来分析 DNA 碱基对顺序的方法，如今已有超过 50 亿个碱基对顺序被解开。1981 年初，吴瑞说服美国 100 多所一流大学接受来自中国大陆的留学生，最终促成中美生物化学联合招生项目（CUSBEA 项目）的实施。如今，参加该项目的很多学子已成为当今世界生命科学领域的顶尖专家，为促进中美学术交流、促进我国生命科学的发展发挥了重要作用。华人生物学家协会于 2017 年授予吴瑞"终身成就奖"，以表彰他对中国生命科学发展作出的历史性贡献。

自 测 题

一、名词解释

1. 维生素　2. 维生素 A 原

二、填空题

1. 维生素 PP 在体内的活性形式是 _____ 和 _____，是多种不需氧脱氢酶的辅酶。

2. 维生素 D 的活性形式是 _____。

3. _____ 及 _____ 是体内氧化还原酶的辅基，是生物氧化呼吸链重要的递氢体。

三、单选题

1. 营养性巨幼细胞贫血的原因是（　　　）

　A. 维生素 A 缺乏

　B. 铁缺乏

　C. 维生素 C 和锌缺乏

　D. 维生素 B_{12} 和叶酸缺乏

　E. 维生素 B_1 缺乏

2. 维生素 D 缺乏儿童易患（　　　）

　A. 坏血病　　　　　B. 佝偻病

　C. 烟酸缺乏症　　　D. 骨质软化

　E. 恶性贫血

3. 脚气病是由于缺乏哪种维生素引起的（　　　）

　A. 维生素 B_2　　　B. 维生素 K

　C. 维生素 D　　　　D. 维生素 B_{12}

　E. 维生素 B_1

四、简答题

1. 简述维生素的分类。各类中又包括哪些维生素？

2. FMN、FAD、TPP、NAD^+、$NADP^+$ 各是哪种维生素的活性形式？这些辅酶各有何功能？

（高宝珍）

第5章
生物氧化

第1节 生物氧化的概念与特点

一、生物氧化的概念

生物体内所需的能量主要是通过营养物质在体内氧化而获得，营养物质在生物体内彻底氧化分解成二氧化碳（CO_2）、水（H_2O），并释放出大量能量的过程称为生物氧化。由于生物氧化是在组织细胞内进行的，表现为摄取氧气（O_2）和释放二氧化碳，而肺部的吸入氧气和呼出二氧化碳的作用实际上是体内各组织细胞利用氧和释放二氧化碳的总结果。因此，生物氧化又称细胞呼吸或组织呼吸。

考点 生物氧化的概念

二、生物氧化的特点

糖、脂肪、蛋白质等营养物质在体内氧化与在体外氧化虽然最终产物都是 CO_2、H_2O 并释放能量，但生物氧化与体外氧化有显著的不同（表 5-1）。

表 5-1 物质的生物氧化与体外氧化比较

比较项目	生物氧化	体外氧化
反应条件	pH 近中性、约 37℃温和的液体环境	高温环境
氧化方式	主要以脱氢的方式进行，需酶催化	直接被 O_2 氧化
能量释放	能量逐步释放，一部分以热能的形式散发，维持体温，另一部分储存于 ATP 中	以热能的形式骤然释放
CO_2、H_2O 的生成方式	CO_2 是有机酸脱羧基反应生成的，H_2O 是代谢物脱下的一对氢原子（2H）通过呼吸链传递给 O_2 生成的	物质中的碳和氢直接与 O_2 结合生成

三、生物氧化中二氧化碳的生成

生物氧化过程中 CO_2 的生成，主要来自糖、脂肪、蛋白质等分解过程中产生的有机羧酸和氨基酸的脱羧基作用。根据所脱羧基在有机酸分子中的位置，脱羧反应可分为 α- 脱羧和 β- 脱羧；又可根据反应过程中是否伴有氧化反应，分为单纯脱羧和氧化脱羧。

1. α- 单纯脱羧　如在氨基酸脱羧酶催化下氨基酸的脱羧反应。

$$R\overset{\alpha}{-}CHNH_2-COOH \xrightarrow[\text{磷酸吡哆醛}]{\text{氨基酸脱羧酶}} R-CH_2NH_2 + CO_2$$

2. α- 氧化脱羧　如在丙酮酸脱氢酶复合物催化下丙酮酸的氧化脱羧反应。

$$\underset{\underset{COOH}{\overset{\overset{CH_3}{|}}{\underset{|}{\alpha\,C=O}}}}{} + CoA{-}SH \xrightarrow[\text{NAD}^+ \quad \text{NADH+H}^+]{\text{丙酮酸脱氢酶复合物}} CH_3CO{\sim}SCoA + CO_2$$

3. β- 单纯脱羧　如草酰乙酸在草酰乙酸脱羧酶催化下的脱羧反应。

$$\underset{\alpha\,COCOOH}{\overset{\beta\,CH_2COOH}{|}} \xrightarrow{\text{草酰乙酸脱羧酶}} \underset{\underset{COOH}{\overset{\overset{\beta\,CH_3}{|}}{\underset{|}{\alpha\,C=O}}}}{} + CO_2$$

4. β- 氧化脱羧　如苹果酸在苹果酸酶催化下的氧化脱羧。

$$\underset{\alpha\,CH(OH)COOH}{\overset{\beta\,CH_2COOH}{|}} \xrightarrow[\text{NADP}^+ \quad \text{NADPH+H}^+]{\text{苹果酸酶}} \underset{\underset{COOH}{\overset{\overset{\beta\,CH_3}{|}}{\underset{|}{\alpha\,C=O}}}}{} + CO_2$$

第2节　线粒体氧化体系

一、呼吸链的概念

线粒体是物质进行彻底氧化的重要场所。线粒体内膜上存在的一系列传递体，能将代谢物脱下的氢传递给氧生成水，此过程与细胞呼吸的过程密切相关，故又称为呼吸链。

考点　呼吸链的概念

二、呼吸链的组成

呼吸链是由以烟酰胺腺嘌呤二核苷酸（NAD$^+$）为辅酶的不需氧脱氢酶、以黄素单核苷酸（FMN）或黄素腺嘌呤二核苷酸（FAD）为辅基的黄素蛋白、泛醌 [Q，又称辅酶 Q（CoQ）]、铁硫蛋白（Fe-S）和细胞色素（Cyt）五类物质组成的。

1. 烟酰胺脱氢酶　NAD$^+$ 为烟酰胺腺嘌呤二核苷酸，NADP$^+$ 为烟酰胺腺嘌呤二核苷酸磷酸。此类辅酶是连接底物与呼吸链的重要环节，它们的主要功能是传递氢，是递氢体。

2. 黄素蛋白　线粒体内的黄素蛋白有两类，分别以 FMN 和 FAD 作为辅基，分子中含有核黄素，即维生素 B$_2$，后者能可逆地发生加氢和脱氢反应，故也是递氢体。

3. 铁硫蛋白（Fe-S）　是电子传递体，其中铁可逆地进行氧化还原反应，每次传递一个电子。在呼吸链中，铁硫蛋白与黄素蛋白、细胞色素 b（Cyt b）结合成复合体存在。

4. 辅酶 Q（CoQ）　是一种脂溶性醌类化合物，又名泛醌。其分子中含有苯醌结构，能进行可逆的加氢和脱氢反应，是递氢体。辅酶 Q 接受氢原子后，可将氢分解成两个质子和两个电子，把电子传递给下一个传递体，将质子留在了线粒体的基质中。

5. 细胞色素体系　细胞色素（Cyt）是一类以铁卟啉为辅基的结合蛋白质，广泛分布于需氧生物线粒体内膜上。在呼吸链中，细胞色素依靠铁卟啉中的铁可逆地接受电子和供出电子，属于递电子体。呼吸链上的细胞色素有 Cyt b、Cyt c$_1$、Cyt c、Cyt a、Cyt a$_3$ 等，其中 Cyt a、

Cyt a_3 很难分开，组成一复合体称为 Cyt aa_3。Cyt aa_3 是呼吸链中最后一个递电子体，接受电子后直接将电子传递给氧，将氧激活为氧离子（O^{2-}），故也称细胞色素氧化酶。

综上所述，呼吸链中 NAD^+、FMN 或 FAD 和 CoQ 是递氢体，Fe-S、Cyt 是递电子体，而递氢实际上也是传递电子，因此，递氢体和递电子体都是电子传递体。呼吸链的组成成分及其功能见表 5-2。

表 5-2　呼吸链的组成成分与功能

组成成分	名称	传递机制		功能
		氧化型 $\Longleftrightarrow$ 还原型		
NAD^+	烟酰胺腺嘌呤二核苷酸	$NAD^+ \underset{-2H}{\overset{+2H}{\rightleftharpoons}} NADH + H^+$		递氢体
FMN 或 FAD	黄素单核苷酸 黄素腺嘌呤二核苷酸	$\begin{matrix} FMN \\ FAD \end{matrix} \left\{ \underset{-2H}{\overset{+2H}{\rightleftharpoons}} \right\} \begin{matrix} FMNH_2 \\ FADH_2 \end{matrix}$		
CoQ	辅酶 Q	$CoQ \overset{+2H}{\rightleftharpoons} CoQH_2$ 2e $2H^+$		
Fe-S	铁硫蛋白	$Fe^{3+} \underset{-e}{\overset{+e}{\rightleftharpoons}} Fe^{2+}$		递电子体
Cyt	细胞色素	$CytFe^{3+} \underset{-e}{\overset{+e}{\rightleftharpoons}} CytFe^{2+}$		

三、线粒体中两条重要的呼吸链

线粒体内有两条重要的呼吸链，分别是 NADH 氧化呼吸链和 $FADH_2$ 氧化呼吸链（也称为琥珀酸氧化呼吸链）。两条呼吸链的组成和排列顺序见图 5-1。

琥珀酸
↓
FAD
(Fe-S)
↓
NADH ⟶ FMN ⟶ CoQ ⟶ Cyt b ⟶ Cyt c_1 ⟶ Cyt c ⟶ Cyt aa_3 ⟶ O_2
(Fe-S)

图 5-1　NADH 氧化呼吸链和 $FADH_2$ 氧化呼吸链

（一）NADH 氧化呼吸链

NADH 氧化呼吸链是线粒体内的主要呼吸链，在线粒体中，多数底物都通过 NADH 氧化呼吸链被氧化，如糖代谢的中间产物丙酮酸、乳酸及苹果酸等。NADH 氧化呼吸链组成成分包括 NAD、FMN、CoQ、Fe-S、Cyt（b、c_1、c、aa_3），传递氢、递电子顺序见图 5-2。

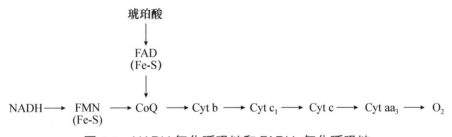

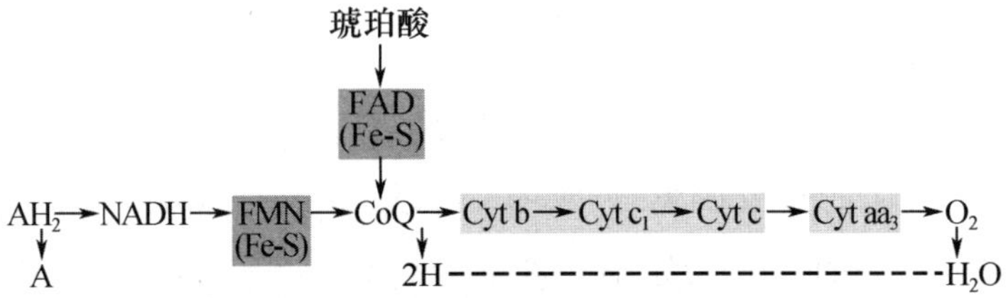

图 5-2　两条呼吸链的递氢、递电子顺序

（二）FADH$_2$氧化呼吸链

体内有少数代谢物如琥珀酸、脂酰 CoA、α-磷酸甘油等脱下的氢均通过 FADH$_2$ 氧化呼吸链被氧化，故又称此链为琥珀酸氧化呼吸链。其组成成分包括 FAD、CoQ、Fe-S、Cyt（b、c$_1$、c、aa$_3$），传递氢、递电子顺序见图 5-2。

 考点 体内两条重要的呼吸链的组成

四、氧化磷酸化与 ATP

（一）氧化磷酸化的概念

案例 5-1

2013 年 2 月 4 日早上 7 时 30 分，居住在北京市朝阳区某小区的 5 名实习生因一氧化碳中毒死亡。据勘验出租房屋内使用的燃气热水器排气管连接处两侧各发现一处长 1cm 的破损。

问题： 1. 一氧化碳导致人体中毒的机制是什么？

2. 当发现一氧化碳中毒时，怎样进行急救处理？

代谢物脱下的氢经呼吸链传递给氧生成水，释放的能量使 ADP 磷酸化生成 ATP，这种通过能量的转移将氧化与磷酸化偶联起来的过程称为氧化磷酸化。氧化磷酸化是体内生成 ATP 的主要方式。

考点 氧化磷酸化的概念

（二）氧化磷酸化的偶联部位

实验证明，在氧化磷酸化过程中，代谢物脱下的氢经 NADH 氧化呼吸链时，有 3 个部位能使 ADP 磷酸化生成 3 分子 ATP；经 FADH$_2$ 氧化呼吸链时可生成 2 分子 ATP，具体偶联部位见图 5-3。因氧化过程中有消耗，目前认为经 NADH 氧化呼吸链仅生成 2.5 分子 ATP，经 FADH$_2$ 氧化呼吸链仅生成 1.5 分子 ATP，见图 5-3。

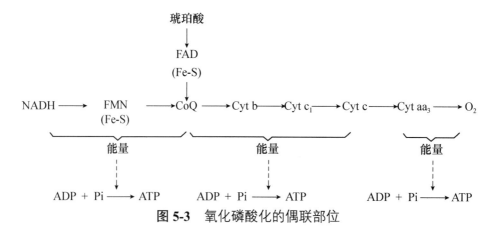

图 5-3　氧化磷酸化的偶联部位

（三）影响氧化磷酸化的因素

1. ADP 和 ATP 的调节　ATP 的生成主要原料是 ADP 和 Pi，因线粒体内 Pi 的含量足够，故 ADP 为调节氧化磷酸化的重要因素。当 ADP 含量升高时或 ATP 含量降低时，氧化磷酸化加速；反之，当 ADP 含量降低时或 ATP 含量升高时，氧化磷酸化速度减慢。所以，ADP

和 ATP 的相对比值是调节氧化磷酸化的重要因素，适时调节可以使机体适应能量的生理需要，在合理利用和节约能源上有重要意义。

2. 甲状腺激素的影响　甲状腺激素可以活化细胞膜上的 Na^+，K^+-ATP 酶，使 ATP 加速分解为 ADP 和 Pi，促使氧化磷酸化速度增加，ATP 生成增多。甲状腺功能亢进患者体内甲状腺激素水平升高，ATP 的合成与分解都增强，从而导致机体耗氧量和产热量都增加。故甲状腺功能亢进患者的基础代谢率偏高，临床表现为食欲增加却体重减轻、怕热等。

3. 抑制剂的作用　作为机体产能的重要方式，氧化磷酸化受到抑制时可以直接影响生命活动。氧化磷酸化的抑制剂主要有呼吸链抑制剂和解偶联剂（图 5-4）。

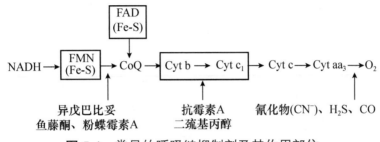

图 5-4　常见的呼吸链抑制剂及其作用部位

（1）呼吸链抑制剂　可抑制呼吸链的产能部位，进而影响氧化磷酸化和 ATP 的生成。例如，鱼藤酮、粉蝶霉素 A、异戊巴比妥（阿米妥）等，可与 Fe-S 结合阻断 NADH-CoQ 之间的电子传递；抗霉素 A、二巯基丙醇等可抑制 Cyt b-Cyt c_1 之间的电子传递；硫化氢（H_2S）、一氧化碳（CO）、氰化物（CN^-）等可以抑制 Cyt aa_3 到 O_2 的电子传递。呼吸链抑制剂会导致呼吸链中断，氧化磷酸化不能进行；即使组织细胞有充足的氧也不能利用，造成组织严重缺氧，严重时可引起机体迅速死亡。

（2）解偶联剂　作用机制是使氧化与磷酸化的偶联过程脱节，所以氧化过程正常进行，氧化过程中释放的能量不储存在 ATP 分子中，而是全部以热能形式散发。普通感冒和传染性疾病时，患者体温升高，就是病毒或细菌释放解偶联物质所致。常见的解偶联剂有 2,4-二硝基苯酚、水杨酸等。

考点　常见的呼吸链抑制剂及其作用部位

第 3 节　能量的生成、利用和转移

营养物质氧化分解所释放的能量主要储存在高能磷酸化合物 ATP 中，ATP 是体内最主要的高能化合物，是体内一切生命活动所需能量的直接来源。

一、高能化合物

水解时释放的能量大于 20.9kJ/mol 的化学键称为高能键，用符号"～"表示。含高能键的化合物称为高能化合物。人体内的高能化合物主要有两类：

（1）高能磷酸化合物　含有高能磷酸键（～P），如 ATP、ADP、磷酸烯醇式丙酮酸、

磷酸肌酸等。

（2）高能硫酯化合物　含有高能硫酯键（～S），如乙酰辅酶A、脂酰辅酶A、琥珀酰辅酶A等。

考点 高能化合物

二、ATP 的生成

体内生成 ATP 的方式有两种，即底物水平磷酸化和氧化磷酸化。

（一）底物水平磷酸化

含高能键的物质，其高能键断裂后，释放高能磷酸基团，使 ADP 磷酸化生成 ATP 的过程，称底物水平磷酸化。例如：

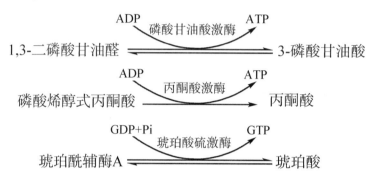

（二）氧化磷酸化

通过底物水平磷酸化生成的 ATP 很少，很难满足机体需要。体内生成 ATP 的主要方式是氧化磷酸化。

氧化磷酸化的概念、氧化磷酸化的偶联部位及影响氧化磷酸化的因素在本章第 2 节中已经详细阐述过。

（三）能量的转移、储存和利用

1. 能量的转移　在生理条件下，能量的转移要通过 ATP 和 ADP 的相互转化来实现（ADP+Pi ⇌ ATP）。

某些合成代谢中需要其他三磷酸核苷供能，如糖原合成需要尿苷三磷酸（UTP）供能；磷脂合成需要胞苷三磷酸（CTP）供能；蛋白质合成需要鸟苷三磷酸（GTP）供能。但是这些高能磷酸化合物的生成和补充有赖于 ATP。

$$ATP \xrightarrow{\text{释放能量}} ADP+Pi$$

$$\left.\begin{array}{l} UDP \\ GDP \\ CDP \end{array}\right\} \xrightarrow{\text{核苷酸二磷酸激酶}} \left\{\begin{array}{l} UTP \\ GTP \\ CTP \end{array}\right.$$

2. 能量的储存和利用　在肌肉和脑组织中，ATP 可将高能磷酸键（～P）转移给磷酸肌酸（CP），此反应由肌酸激酶（CK）催化。

$$ATP + 肌酸 \xrightarrow{\text{肌酸激酶}} 磷酸肌酸 +ADP$$

磷酸肌酸为能量主要的储存方式，被称为人体的"蓄电池"，其所含的高能磷酸键不能直接被利用，当肌肉和脑组织中 ATP 不足时，磷酸肌酸可将其高能磷酸键转移给 ADP 生成 ATP，为生理活动提供能量，因此，ATP 是机体能量的直接供应者，是生物体内能量代谢的中心（图 5-5）。

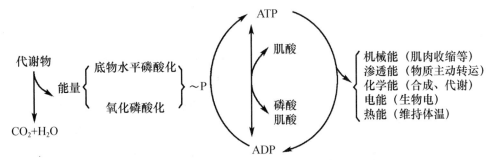

图 5-5 ATP 的生成与能量的转移、储存和利用

链接

肌酸激酶的测定及其意义

肌酸激酶（CK）是一种与细胞内能量转运、肌肉收缩、ATP 再生有直接关系的重要激酶，临床上主要用于诊断心肌梗死。心肌梗死患者发病后 2～4 小时，血液中的 CK 活力即开始升高，比血清中谷草转氨酶和乳酸脱氢酶的活力变化出现得更早。

临床意义：①心脏疾病：CK 在诊断心肌梗死上有较高价值。②骨骼肌损伤可引起 CK 活力升高。③病毒性心肌炎时，CK 活力明显升高。④肌肉疾病：在进行性假肥大性肌营养不良（迪谢内肌营养不良）患者血液中，CK 活力显著增高。

考点 底物水平磷酸化

第 4 节 非线粒体氧化体系

线粒体氧化体系外也存在生物氧化的场所，其特点是不伴有磷酸化，不能产生 ATP，主要与体内代谢物、药物和毒物的生物转化有关。现以微粒体和过氧化物酶体为例说明。

一、微粒体中的生物氧化酶

微粒体氧化体系存在于肝、肺、肾等细胞的微粒体中，主要含加单氧酶系，能催化氧分子中一个氧原子加到底物 RH 分子中，使其羟化，另一个氧原子被 $NADH+H^+$ 中的氢还原成水。反应如下：

$$RH + NADH + H^+ + O_2 \longrightarrow ROH + NAD^+ + H_2O$$

二、过氧化物酶体中的生物氧化酶

过氧化物酶体又称微体，存在于肝、肾、中性粒细胞和小肠黏膜细胞中。主要包括过氧化氢酶和过氧化物酶，作用是合成和分解 H_2O_2。

在粒细胞和吞噬细胞中，H_2O_2 可氧化杀死入侵的细菌；甲状腺细胞中产生的 H_2O_2 可促进酪氨酸碘化生成甲状腺素。但对于大多数组织而言，H_2O_2 蓄积过多，会对细胞有毒性作用。

自测题

一、名词解释

1. 生物氧化

2. 氧化磷酸化

二、填空题

1. ATP 的生成有 _____ 和 _____ 两种方式。

2. 氧化磷酸化过程中，从 NADH 传递到氧生成水的过程中，实际产生 _____ 分子 ATP。

3. CO 中毒的机制是抑制 _____。

4. _____ 又称为细胞色素氧化酶，能够将电子直接传递给氧。

三、单选题

1. 呼吸链中既为 NADH 脱氢酶的受氢体，又为琥珀酸脱氢酶的受氢体的是（　　）

　A. 铁硫蛋白　　　　B. Cyt b

　C. CoQ　　　　　　D. FAD

　E. Cyt c

2. 不能接受氢的物质是（　　）

　A. NAD　　　　　　B. CoQ

　C. Cyt　　　　　　D. FMN

　E. FAD

3. NADH 氧化呼吸链的排列顺序为（　　）

　A. $NAD^+ \rightarrow FMN \rightarrow CoQ \rightarrow Cyt$

　B. $NAD^+ \rightarrow FMN \rightarrow Cyt \rightarrow CoQ$

　C. $NAD^+ \rightarrow FAD \rightarrow Cyt \rightarrow CoQ$

　D. $FAD \rightarrow NAD \rightarrow CoQ \rightarrow Cyt$

　E. $NAD^+ \rightarrow FAD \rightarrow FMN \rightarrow CoQ \rightarrow Cyt$

4. 各种细胞色素在呼吸链中传递的顺序是（　　）

　A. $Cyt\ c \rightarrow Cyt\ aa_3 \rightarrow Cyt\ b \rightarrow Cyt\ c_1$

　B. $Cyt\ b \rightarrow Cyt\ c \rightarrow Cyt\ c_1 \rightarrow Cyt\ a \rightarrow Cyt\ a_3$

　C. $Cyt\ c_1 \rightarrow Cyt\ b \rightarrow Cyt\ c \rightarrow Cyt\ a \rightarrow Cyt\ a_3$

　D. $Cyt\ c \rightarrow Cyt\ c_1 \rightarrow Cyt\ b \rightarrow Cyt\ aa_3$

　E. $Cyt\ b \rightarrow Cyt\ c_1 \rightarrow Cyt\ c \rightarrow Cyt\ a \rightarrow Cyt\ a_3$

5. 一氧化碳中毒是由于抑制了哪种细胞色素（　　）

　A. Cyt c　　　　　　B. Cyt b

　C. CoQ　　　　　　D. $Cyt\ c_1$

　E. $Cyt\ aa_3$

6. 氧化磷酸化在下列哪种细胞器中进行（　　）

　A. 细胞质　　　　　B. 微粒体

　C. 线粒体　　　　　D. 高尔基体

　E. 细胞核

7. 以下不属于高能磷酸化合物的是（　　）

　A. 磷酸肌酸　　　　B. ADP

　C. ATP　　　　　　D. 乙酰辅酶 A

　E. 6- 磷酸葡萄糖

四、简答题

1. 简述呼吸链的组成和排列，并说明氧化磷酸化的偶联部位。

2. 人体生成 ATP 的方式有哪几种？

3. 常见的呼吸链电子传递抑制剂有哪些？它们主要的作用部位如何？

（孙江山）

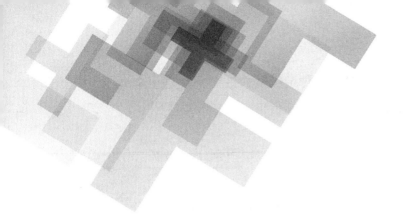

第6章
糖 代 谢

第1节 概　述

　　糖类，又称碳水化合物，是多羟基醛或多羟基酮及其多聚体或衍生物的总称。根据糖的组成可分为单糖、寡糖及多糖。单糖是不能再水解的糖，如葡萄糖、果糖、半乳糖；寡糖中重要的双糖是蔗糖和麦芽糖；蔗糖是1分子葡萄糖和1分子果糖的脱水缩合物，而麦芽糖的水解产物是2分子葡萄糖；多糖的基本组成单位都是葡萄糖，淀粉、糖原及纤维素等是重要的多糖。糖类并不一定都有甜味，果糖、葡萄糖、蔗糖、麦芽糖等糖有甜味，而淀粉、糖原、纤维素等多糖却几乎没有甜味。

　　糖类是人体最主要的能源物质，并广泛存在于自然界，几乎所有生物体内均含有糖类，其中植物中含量最为丰富。植物淀粉及少量双糖（蔗糖、麦芽糖、乳糖）是食物中糖的主要来源。人体内糖的主要形式是葡萄糖及糖原，葡萄糖是糖在血液中的运输形式，是糖代谢中的核心物质；糖原是葡萄糖的多聚体，是体内糖的储存形式，包括肝糖原、肌糖原等。

一、糖的生理功能

　　1. 氧化供能　是糖最主要的生理功能，为生命活动提供所需 50%～70% 的能量。食物中的糖类是机体糖的主要来源；体内所有组织细胞都可利用葡萄糖供能；大脑主要利用葡萄糖供能。

　　2. 提供碳源　糖类在体内与脂肪、蛋白质等的代谢相联系，可为脂肪酸、氨基酸、核酸等其他含碳化合物提供碳源。

　　3. 构成组织成分　糖类是体内重要的结构物质。蛋白聚糖和糖蛋白参与构成结缔组织、软骨和骨基质；糖脂和糖蛋白是生物膜的重要成分，部分膜蛋白还参与细胞间的信息传递，与细胞识别作用有关。

　　4. 参与重要的生理活动　体内一些有特殊生理功能的物质，如部分激素、免疫球蛋白、血型物质及绝大多数的凝血因子等，是体内重要的生物活性物质，均属于糖蛋白，这些糖蛋白的生物学功能与其分子中的寡糖基密切相关。

二、糖的消化和吸收

　　糖的消化是指摄入的淀粉等糖类水解成为单糖的过程；单糖的吸收部位主要是小肠上段。淀粉在胰淀粉酶作用下水解生成糊精、麦芽糖等中间产物，最终生成葡萄糖；葡萄糖经肠黏膜吸收后经门静脉吸收入肝脏。进入肝脏后，葡萄糖随血液循环运送至全身各组织器官进行氧化供能、合成糖原储存于肝或肌肉组织及转化成脂肪、氨基酸等（图6-1）。

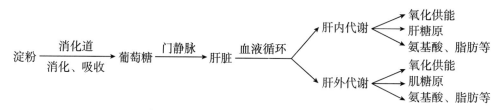

图6-1 糖的消化吸收

三、糖代谢的概况

糖代谢与机体的供氧状况及血糖水平有关。在不同的生理条件下，葡萄糖在组织细胞内代谢的途径也不相同。糖在体内的代谢途径主要有糖酵解、糖的有氧氧化、磷酸戊糖途径、糖原合成与糖原分解、糖异生等。例如，机体处于缺氧状态时，糖酵解增加，产生乳酸和少量的ATP；当氧供应充足时，葡萄糖以有氧氧化方式彻底分解成水、二氧化碳并产生大量的ATP；磷酸戊糖途径在代谢旺盛的组织中进行，生成NADPH和5-磷酸核糖（核糖-5-磷酸）。餐后血糖充足时，肝脏、肌肉等组织会合成糖原以储存葡萄糖；反之，肝糖原则分解成葡萄糖。甘油、生糖氨基酸及乳酸、丙酮酸等非糖物质还可以通过糖异生途径转变为葡萄糖，以补充血糖（图6-2）。

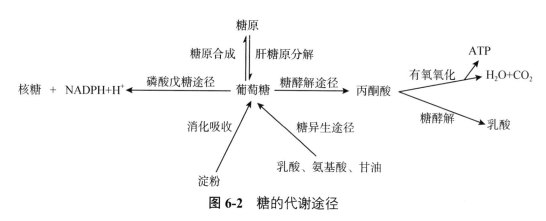

图6-2 糖的代谢途径

第2节　糖的分解代谢

案例6-1

小学生王某，男，10岁，平素不爱运动，每次体育课剧烈运动后，第二天开始就会出现全身肌肉酸痛，要持续几天才能好转。

问题： 1. 王某运动后为什么会肌肉酸痛？

2. 什么是糖酵解？糖酵解的产物及生理意义是什么？

3. 如何能够避免发生王某的情况呢？

糖的分解代谢是糖在体内氧化供能的重要阶段。葡萄糖或糖原的氧化分解主要有三条途径：①在缺氧条件下，在细胞质中进行糖的无氧分解，终产物为乳酸和少量ATP；②在有氧条件下，在细胞质和线粒体中进行需氧的糖的有氧氧化，终产物是水、二氧化碳及大量的ATP；③在细胞质中以生成 5- 磷酸核糖和 NADPH 为中间产物的磷酸戊糖途径（图 6-3）。

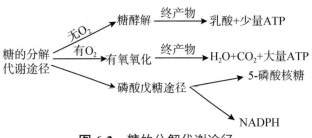

图 6-3　糖的分解代谢途径

一、糖的无氧氧化

在缺氧条件下，葡萄糖或糖原分解成乳酸的过程称为糖的无氧氧化（无氧分解）。共分为 2 个阶段，因为第一阶段与酵母的生醇发酵相似，故也称为糖酵解。全身各组织细胞均能进行糖酵解，尤其在肌肉组织、红细胞、皮肤和肿瘤细胞组织中糖酵解特别旺盛。

（一）反应过程

糖的无氧氧化全过程均在细胞质中进行。

在缺氧条件下，糖的无氧氧化反应过程可分为两个阶段。

1. 第一阶段——糖酵解　通过糖酵解反应途径，1 分子葡萄糖分解为 2 分子丙酮酸。糖酵解途径是所有生物细胞糖代谢过程的第一步，是糖的无氧氧化和糖有氧氧化的第一阶段反应。根据机体供氧状态的不同，生成的丙酮酸进入不同的代谢途径。在缺氧条件下，丙酮酸还原为乳酸，完成糖的无氧氧化反应过程。在有氧条件下，丙酮酸则进入线粒体，氧化脱羧生成乙酰辅酶 A 并进入三羧酸循环。

$$葡萄糖(6C) \xrightarrow[\text{第一阶段}]{\text{糖酵解}} 2 \times 丙酮酸(3C)$$

2. 第二阶段——丙酮酸还原成乳酸

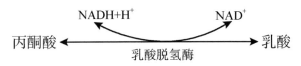

糖酵解反应的全过程见图 6-4。

（二）糖酵解反应特点

1. 三个关键酶　己糖激酶、6- 磷酸果糖激酶 -1、丙酮酸激酶。

关键酶催化不可逆反应，受变构剂和激素的调节，是糖酵解速度的调节点；其中 6- 磷酸果糖激酶 -1 的活性最低，是最重要的限速酶，它的活性高低直接影响整个代谢途径的速度与方向。

2. 糖酵解反应的全过程均在细胞质中进行。

3. 不需氧，但有脱氢与加氢的氧化还原反应，所生成的 NADH+H$^+$ 将 2H 交给丙酮酸，使之还原成乳酸。

4. 糖酵解过程中产能较少　糖酵解中共有两次耗能及两次底物水平磷酸化的产能反应，生成的 ATP 较少。1 分子葡萄糖氧化分解为 2 分子乳酸，净生成 2 分子 ATP；若从糖原开始，则净生成 3 分子 ATP。

（三）糖酵解的生理意义

1. 糖酵解是机体相对缺氧或缺氧时快速提供能量的重要方式，这是糖酵解最主要的生理意义。例如，剧烈运动时，机体处于相对缺氧状态，骨骼肌收缩几秒钟即可耗尽肌组织内的 ATP，而糖酵解反应能使其迅速获得能量。

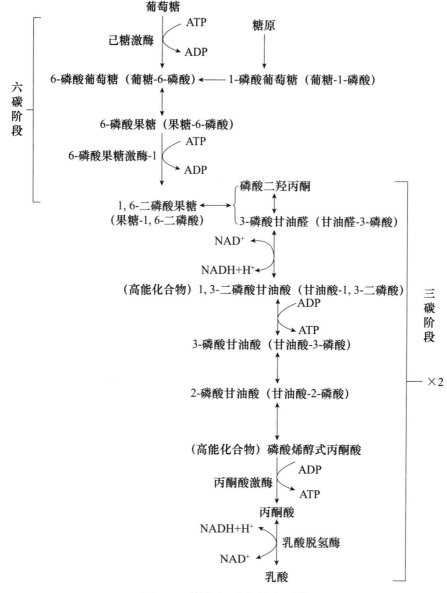

图 6-4 糖酵解反应的全过程

2. 糖酵解是某些组织生理状态下的供能方式，如成熟红细胞没有线粒体，能量几乎全部来自糖酵解。皮肤、肾髓质、视网膜、白细胞等少数组织，在氧供应充足的情况下，仍以糖酵解为主要的供能途径；某些代谢活跃的组织细胞如神经细胞、白细胞、骨髓、肿瘤细胞中的糖酵解也很活跃。

3. 糖酵解的逆反应过程是糖异生途径。

考点 糖酵解的概念、反应部位及生理意义

 案例6-2

王某，女，15岁，因每月月经前后出现严重口腔溃疡前来就诊，医生嘱咐其经前开始服用B族维生素直至月经结束，王某用药后疗效显著。

问题：1. 王某目前出现的症状与糖类代谢的哪些步骤有关？

2. B族维生素的作用机制是什么？

二、糖的有氧氧化

糖的有氧氧化是指葡萄糖或糖原在有氧条件下，彻底氧化生成水、二氧化碳并释放能量的过程。有氧氧化是糖在体内分解代谢的主要途径，是机体获取能量的主要方式，绝大多数组织细胞都能进行糖的有氧氧化。

（一）反应过程

糖的有氧氧化反应包括三个阶段：第一阶段是糖酵解途径，葡萄糖或糖原在细胞质中分解为丙酮酸。第二阶段是丙酮酸进入线粒体氧化脱羧生成乙酰辅酶 A（CoA）。第三阶段是三羧酸循环，乙酰辅酶 A 经此循环彻底氧化，生成 H_2O、CO_2 和 ATP。

$$葡萄糖 \xrightarrow[\text{第一阶段}]{\text{细胞质}} 丙酮酸 \xrightarrow[\text{第二阶段}]{\text{进入线粒体}} 乙酰辅酶A \xrightarrow[\text{第三阶段}]{\text{线粒体}} CO_2+H_2O+ATP$$

1. 糖酵解途径　在细胞质中，葡萄糖或糖原分解为丙酮酸，此阶段的各种反应与糖酵解相同，唯一的不同之处是 3- 磷酸甘油醛脱氢产生的 $NADH+H^+$ 在有氧条件下，经呼吸链氧化生成水并释放能量，丙酮酸不是还原成乳酸而是进入线粒体继续氧化。

2. 丙酮酸氧化脱羧　在细胞质中生成的丙酮酸在有氧条件下，经线粒体内膜上的特异载体转运进入线粒体内，在丙酮酸脱氢酶复合物的催化下氧化脱羧，生成乙酰 CoA 及 $NADH+H^+$。总反应如下：

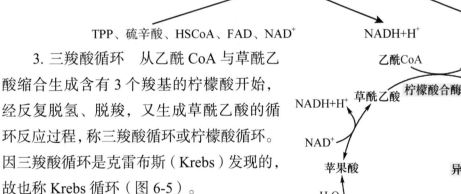

3. 三羧酸循环　从乙酰 CoA 与草酰乙酸缩合生成含有 3 个羧基的柠檬酸开始，经反复脱氢、脱羧，又生成草酰乙酸的循环反应过程，称三羧酸循环或柠檬酸循环。因三羧酸循环是克雷布斯（Krebs）发现的，故也称 Krebs 循环（图 6-5）。

三羧酸循环的特点：

（1）三羧酸循环在线粒体内、有氧条件下才能进行。

（2）三羧酸循环每循环一次彻底氧化1 分子乙酰 CoA。

（3）三羧酸循环是产能过程，1 分子

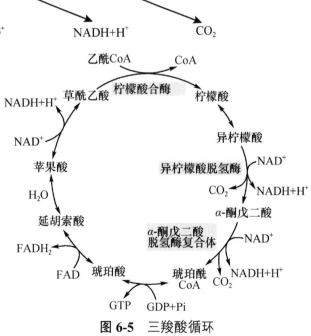

图 6-5　三羧酸循环

乙酰 CoA 通过三羧酸循环，有 4 次脱氢反应，生成 3 分子 $NADH+H^+$ 和 1 分子 $FADH_2$，通过氧化磷酸化共生成 9 分子 ATP，再加一次底物水平磷酸化生成 1 分子 GTP（相当于 1 分子 ATP），故三羧酸循环一次，能生成 10 分子 ATP；有 2 次脱羧生成 2 分子 CO_2。

（4）三羧酸循环是一个不可逆的反应体系；催化不可逆反应的三个关键酶是柠檬酸合酶、

异柠檬酸脱氢酶、α-酮戊二酸脱氢酶复合体。

（二）糖有氧氧化的生理意义

1. 糖的有氧氧化是机体供能的主要途径。糖的有氧氧化是脑组织等耗能与耗氧较多的器官和机体绝大多数组织获得能量的主要途径。1mol 葡萄糖经糖酵解净生成 2mol ATP，若经有氧氧化可净生成 30mol 或 32mol ATP（表 6-1），后者产能是前者的 15 或 16 倍。

表 6-1　糖有氧氧化能量生成表

生成和消耗 ATP 的反应	生成 ATP 的量（mol）
葡萄糖 —→ 6-磷酸葡萄糖	−1
6-磷酸果糖 —→ 1, 6-二磷酸果糖	−1
2×（3-磷酸甘油醛 —→ 1, 3-二磷酸甘油酸）	3 或 5
2×（1, 3-二磷酸甘油酸 —→ 3-磷酸甘油酸）	2×1
2×（磷酸烯醇式丙酮酸 —→ 丙酮酸）	2×1
2×丙酮酸 —→ 2×乙酰 CoA	2×2.5
2×（乙酰 CoA —→ CO_2 + O_2）	2×10
净生成	30 或 32

2. 三羧酸循环是糖、脂肪和蛋白质（三大供能营养物质）代谢彻底氧化的最终和共同代谢通路。糖、脂肪和蛋白质在体内代谢最终都生成乙酰 CoA，并进入三羧酸循环彻底氧化分解成 H_2O、CO_2 并释放能量。

3. 三羧酸循环是糖、脂肪和蛋白质三大物质代谢联系的枢纽。

考点 糖有氧氧化的概念、反应部位及生理意义

三、磷酸戊糖途径

磷酸戊糖途径是葡萄糖氧化分解的另一条重要途径。通过此反应途径，葡萄糖可以生成具有重要生理作用的特殊物质 $NADPH+H^+$ 和 5-磷酸核糖（核糖 -5-磷酸），其主要意义不是产生 ATP。肝脏、脂肪组织、甲状腺、肾上腺皮质、性腺、红细胞等代谢较旺盛的组织，此途径比较活跃。

（一）磷酸戊糖途径反应过程

磷酸戊糖途径在细胞质中进行。6-磷酸葡萄糖脱氢酶（葡萄糖 -6-磷酸脱氢酶，G-6-PD）是此途径的关键酶，其活性决定 6-磷酸葡萄糖进入此途径的量（图 6-6）。

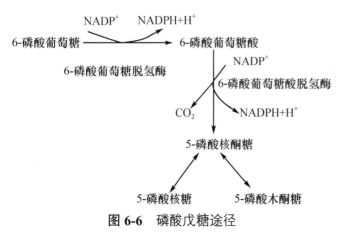

图 6-6　磷酸戊糖途径

（二）磷酸戊糖途径的生理意义

磷酸戊糖途径的主要生理作用是提供生物合成所需的一些原料而不是供能。

1. 生成 5-磷酸核糖　磷酸戊糖途径可为核苷酸、核酸的合成提供原料。磷酸戊糖途径是葡萄糖转变为 5-磷酸核糖的唯一途径。

2. 生成 NADPH +H$^+$

（1）NADPH +H$^+$ 是供氢体，参与脂肪酸、胆固醇、类固醇激素等的生物合成。所以脂类合成旺盛的组织如肝脏、乳腺、肾上腺皮质、脂肪组织等磷酸戊糖途径比较活跃。

（2）NADPH +H$^+$ 是单加氧酶体系的辅酶之一，参与体内的羟化反应，如参与一些药物、毒物在肝脏中的生物转化作用等。

（3）NADPH +H$^+$ 是谷胱甘肽还原酶的辅酶。NADPH +H$^+$ 可使 GSSG 还原为 GSH；GSH 是体内重要的抗氧化剂，可维护红细胞的完整性。葡萄糖 -6- 磷酸酶缺乏时，会导致红细胞缺乏充足的 NADPH，致使谷胱甘肽不能维持还原状态，红细胞（尤其衰老的红细胞）易于破裂，发生溶血性黄疸。此现象常于食用强氧化剂蚕豆后出现，所以也称为蚕豆病。

第 3 节　糖原的合成和分解

由葡萄糖合成为糖原的过程称为糖原合成。由糖原分解为葡萄糖的过程称为糖原分解。

糖原是动物体内糖的储存形式，是既能储存能量又容易分解动员的多糖。人体糖原的主要存在形式是肝糖原和肌糖原。肝糖原的合成与分解主要是为了维持血糖浓度的相对恒定，这对于脑和红细胞等主要依靠葡萄糖供能的组织尤其重要；肌糖原分解主要为肌肉收缩提供能量。正常人体内肝糖原总量为 70 ～ 100g，肌糖原总量为 180 ～ 300g。

一、糖 原 合 成

（一）糖原合成

糖原合成的过程就是将葡萄糖基逐个加入到糖原引物上，使糖原分子变大的过程。所谓糖原引物就是指细胞内原有的较小的糖原分子。糖原合成反应在细胞质中进行，消耗 ATP和 UTP。合成过程包括以下几步反应。

1. 葡萄糖生成尿苷二磷酸葡萄糖（UDPG）　此过程消耗的 UTP 可由 ATP 和 UDP 通过转磷酸基团生成，故糖原合成是耗能的过程。糖原分子上每增加 1 分子葡萄糖，消耗 2 分子ATP。尿苷二磷酸葡萄糖在糖原合成过程中充当葡萄糖供体，可看作"活性葡萄糖"；糖原引物是 UDPG 的葡萄糖基的接受体。

2. 合成糖原

$$\text{尿苷二磷酸葡萄糖} + \text{糖原"引物"} \xrightarrow{\text{糖原合酶}} \text{尿苷二磷酸} + \text{糖原}$$
$$(\text{UDPG}) \qquad (G_n) \qquad\qquad (\text{UDP}) \quad (G_{n+1})$$

糖原合酶催化尿苷二磷酸葡萄糖将葡萄糖基转移到糖原引物的直链分子非还原端上，以 α-1,4- 糖苷键相连；每反应一次，糖原引物上即增加一个葡萄糖；该反应反复进行使糖链不断延长。

3. 分支链的形成　糖原合酶只能延长糖链，不能形成分支。当糖原合酶从 α-1, 4- 糖苷键延伸直链超过 11 个葡萄糖基时，分支酶可将一段约 7 个葡萄糖基转移到邻近糖链上，以 α-1, 6- 糖苷键相连接，形成新的分支，分支以 α-1, 4- 糖苷键继续延长糖链。多分支有利于糖原分解时可有多处磷酸化酶作用点，多分支也可增加水溶性，有利于储存。

（二）糖原合成的特点

1. 糖原合酶是糖原合成过程中的限速酶，其活性受许多因素的调节。糖原合酶称为"合酶"，而不称"合成酶"，其原因是在该反应中没有 ATP 直接参加。糖原合酶只能催化 α-1, 4- 糖苷键的形成，形成的产物只能是直链的形式。

2. 糖原合成时葡萄基的直接供体是 UDPG，葡萄糖基的接受体是糖原引物。游离的葡萄糖不能作为 UDPG 的葡萄基的接受体。

3. 糖原合成是耗能反应，糖链每增加 1 个葡萄糖基要消耗 2 分子 ATP，而且糖原合成不能从无到有，需要有糖原引物。

二、糖 原 分 解

糖原的分解代谢可分为三个阶段，是一个不耗能的反应过程。

1. 糖原磷酸化为 1- 磷酸葡萄糖，此过程需要脱支酶协助。

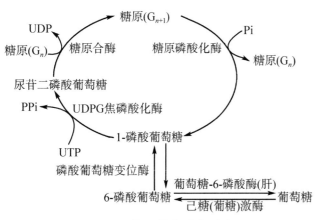

图 6-7　糖原的合成与分解

2. 1- 磷酸葡萄糖在变位酶的作用下异构生成 6- 磷酸葡萄糖。

3. 6- 磷酸葡萄糖水解为葡萄糖。

葡萄糖 -6- 磷酸酶是催化 6- 磷酸葡萄糖水解为葡萄糖的酶，此酶只存在于肝及肾中，而肌肉中缺乏此酶。故只有肝和肾可以补充血糖；肌糖原不能分解成葡萄糖，只能进行糖酵解或有氧氧化。

糖原的分解不耗能，也不彻底，即糖原分子只是由大变小，并不能彻底分解（图 6-7）。

三、糖原合成与分解的生理意义

糖原合成与分解对维持血糖浓度的相对恒定具有重要的生理意义。

当进食后血糖浓度升高时，肝与肌肉等组织摄取葡萄糖进行糖原合成，使血糖不致过度升高同时又储存能量；而空腹或饥饿时，肝糖原分解成葡萄糖补充血糖，维持正常血糖。

第 4 节　糖　异　生

体内糖原储备有限，如果得不到补充，10 小时左右，肝糖原即可被耗尽，导致血糖来源断绝。但事实上，禁食 24 小时甚至更长时间，血糖仍能维持在正常范围或略下降。这主要依赖于肝脏将氨基酸、甘油等转变成葡萄糖，不断地补充血糖。这种由非糖物质转变为葡萄糖或糖原的过程称为糖异生。

糖异生的原料主要有生糖氨基酸、乳酸、丙酮酸及甘油等。糖异生最主要的器官是肝脏，肾的糖异生作用在正常时仅为肝的 1/10，长期饥饿时，肾的糖异生能力将大为增强。

一、糖异生途径

糖异生反应过程基本上是糖酵解反应的逆过程。由于糖酵解中的酶促反应大多数是可逆的，但己糖激酶、6- 磷酸果糖激酶 -1 及丙酮酸激酶催化的是三个不可逆反应，称为糖异生的 3 个"能障"。因此需要借助其他酶的作用，绕过这 3 个"能障"，使非糖物质异生为糖。

1. 丙酮酸转变为磷酸烯醇式丙酮酸　是酮酸激酶催化的逆过程，由两步反应来完成。丙酮酸不能直接逆转为磷酸烯醇式丙酮酸，须经过丙酮酸羧化支路，先生成草酰乙酸，再生成磷酸烯醇式丙酮酸。

$$\text{丙酮酸} \xrightarrow{\text{丙酮酸羧化酶}} \text{草酰乙酸} \xrightarrow{\text{磷酸烯醇式丙酮酸羧激酶}} \text{磷酸烯醇式丙酮酸}$$

2. 1, 6- 二磷酸果糖转变为 6- 磷酸果糖　是磷酸果糖激酶催化反应的逆过程，由果糖二磷酸酶 -1 催化完成。

$$\text{1,6-二磷酸果糖} \xrightarrow{\text{果糖二磷酸酶-1}} \text{6-磷酸果糖}$$

3. 6- 磷酸葡萄糖水解为葡萄糖　是己糖激酶催化反应的逆过程，由葡萄糖 -6- 磷酸酶催化完成。

$$\text{6-磷酸葡萄糖} \xrightarrow{\text{葡萄糖-6-磷酸酶}} \text{葡萄糖}$$

糖异生途径示意图见图 6-8。

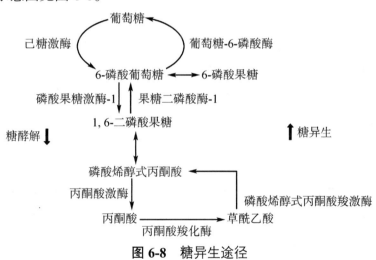

图 6-8　糖异生途径

二、糖异生的生理意义

1. 饥饿情况下维持血糖浓度的相对恒定　是糖异生最重要的生理意义。人体储备糖原的能力有限，饥饿情况下，肝糖原分解的葡萄糖仅能维持血糖浓度 10 小时左右。此后，必须依靠氨基酸、甘油、乳酸等原料异生为糖，维持血糖浓度的相对恒定，以保证脑组织及红细胞等重要器官和组织的能量供应。此外，肝脏也依赖糖异生作用来补充糖原储备。

2. 有利于乳酸利用　乳酸主要是通过肌肉及红细胞的糖酵解而生成的。在剧烈运动或某些病理情况下，葡萄糖分解为乳酸，由血液运输至肝脏，经糖异生转变为葡萄糖。葡萄糖再

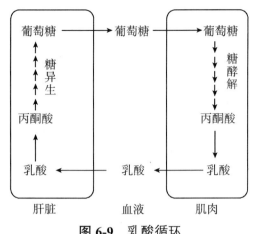

图 6-9　乳酸循环

经血液循环被肌组织摄取氧化利用，此过程构成乳酸循环（图 6-9）。乳酸循环可避免乳酸的损失并防止和改善因乳酸堆积引起的酸中毒。

3. 防止酸中毒　长期饥饿情况下，肾脏的糖异生作用增强，可促进肾小管细胞的泌氨作用，NH_3 与原尿中 H^+ 结合成 NH_4^+，能降低原尿中 H^+ 浓度，促进排 H^+ 保 Na^+ 作用。糖异生对维持机体酸碱平衡，防止酸中毒有重要意义。

考点　糖异生的概念及生理意义

第5节　血　糖

一、血糖的概念、来源与去路

（一）血糖的概念

血液中的葡萄糖，称为血糖。正常人空腹静脉血糖浓度为 3.9～6.1mmol/L。血糖维持在正常范围，有利于组织细胞摄取葡萄糖而获得能量，特别是对储存糖原能力低下的脑组织和红细胞生理功能的维持具有重要的意义。

在机体精确的调节作用下，血糖的来源和去路保持动态平衡，维持血糖浓度的相对恒定。

（二）血糖的来源与去路

1. 血糖的来源　主要有：①食物中糖的消化吸收，这是一般情况下血糖的主要来源；②肝糖原分解产生的葡萄糖，这是人体空腹时血糖的重要来源；③糖异生作用，这是人体在禁食超过 12 小时的情况下，维持血糖水平的重要来源，主要由甘油、氨基酸、乳酸等非糖物质转变而来。

2. 血糖的去路　主要有：①氧化供能，葡萄糖被组织细胞摄取氧化供能，这是血糖的主要去路；②被肝、肌等组织摄取合成糖原；③转变为脂肪、胆固醇及一些非必需氨基酸等非糖物质；④转变成其他糖类及其衍生物，如核糖、脱氧核糖等；⑤当血糖浓度超过肾小管重吸收能力时，出现糖尿。血糖随尿排出是血糖的非正常去路（图 6-10）。

考点　血糖的概念和正常值，血糖来源与去路

二、血糖浓度的调节

正常情况下血糖浓度相对恒定。机体通过对组织器官、神经和激素的调节，使血糖来源和去路保持动态平衡，从而使血糖浓度维持在相对恒定范围。

（一）肝脏对血糖浓度的调节

肝脏是体内调节血糖浓度的主要器官。餐后当血糖浓度增高时，肝糖原合成增加，使血糖浓度不会过高；当人体处于空腹状态时，肝糖原分解增强，又能及时补充血糖浓度；在长期饥饿情况下，肝的糖异生作用加强，以持续有效地维持血糖浓度。

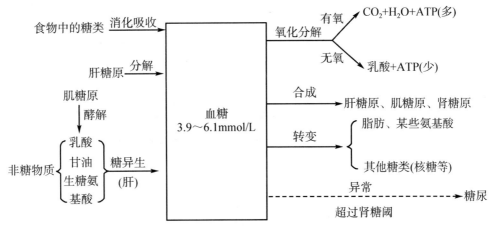

图 6-10 血糖的来源与去路

（二）激素对血糖浓度的调节

调节血糖浓度的激素有两类，一类是降低血糖的激素，即胰岛素（目前认为是唯一能主动降低血糖浓度的激素）；另一类是升高血糖的激素，包括胰高血糖素、肾上腺素、糖皮质激素、生长激素等。激素对血糖浓度的调节，主要是通过对糖代谢途径中一些关键酶的活性或含量的调节来实现的。这两类激素的作用是相互制约的。常见激素对血糖浓度的调节作用见表6-2。

激素的分类	激素名称	作用机制
表 6-2	激素对血糖浓度的影响	
降低血糖的激素	胰岛素	1. 促进组织细胞摄取葡萄糖 2. 促进葡萄糖的氧化分解 3. 促进糖原合成，抑制糖原分解 4. 抑制糖异生 5. 促进糖转变成脂肪
升高血糖的激素	胰高血糖素	1. 促进肝糖原分解 2. 抑制糖酵解，促进糖异生 3. 激活激素敏感性脂肪酶，加速脂肪动员
升高血糖的激素	糖皮质激素	1. 抑制组织细胞摄取葡萄糖 2. 促进糖异生
	肾上腺素	1. 促进肝糖原和肌糖原分解 2. 促进肌糖原酵解 3. 促进糖异生

（三）神经系统调节

神经系统主要通过下丘脑和自主神经系统对各种促激素及激素的分泌进行调节，进而影响血糖来源与去路关键酶的活性来实现调节血糖浓度的作用。

如情绪激动时，交感神经兴奋，肾上腺素的分泌增加，使血糖浓度升高。处于静息状态时，迷走神经兴奋，胰岛素分泌增加，使血糖浓度降低。

考点 调节血糖浓度的激素

"中国生物化学和营养学之父"吴宪教授

吴宪（1893—1959），生物化学家、营养学家、医学教育家。他的研究领域主要包括临床生物化学、气体与电解质的平衡、蛋白质化学、免疫化学、营养学及氨基酸代谢等方面。他首创用钨酸除去血液样品中所有的蛋白质；提出蛋白质变性理论；他研究的血糖测定方法在国际上沿用长达70年。他是首位被诺贝尔科学奖提名的中国科学家，美国学者里尔顿·安德森（J·Reardon Anderson）将他誉为"中国化学的巨人"。吴宪曾对同事说："我的座右铭是三真：即真知、真实、真理。求学问要真知，做实验要真实，为人要始终追求真理。"

三、血糖水平异常

（一）高血糖和糖尿病

临床上将空腹血糖浓度高于 6.1mmol/L 称为高血糖。如血糖浓度高于肾糖阈（8.88 ～ 10mmol/L），超过肾小管对糖的最大吸收能力，可出现糖尿。

机体内分泌紊乱所引起的糖尿，通常为胰岛素分泌不足及胰岛素功能障碍或升高血糖的激素浓度过高，如糖尿病、甲状腺功能亢进、肾上腺皮质功能亢进、嗜铬细胞瘤等。糖尿病是最常见的因血糖增高而引起的疾病。糖尿病通常有持续性高血糖和糖尿，其典型症状是"三多一少"，即多食、多饮、多尿和体重减少。

（二）低血糖

空腹血糖浓度低于 2.8mmol/L，称为低血糖。脑组织对低血糖最为敏感，血糖低时可出现一系列低血糖症状，如四肢无力、头晕、心悸、出冷汗、手颤等，严重时可出现昏迷（低血糖休克）。出现低血糖症状时，给予口服葡萄糖或饮用糖水、果汁、牛奶等可缓解。低血糖昏迷者，如不及时静脉注射葡萄糖溶液，则有可能危及生命。

低血糖常见病因有：①饥饿或不能进食者，血糖的主要来源被切断，造成低血糖；②胰岛 B 细胞增生或癌症，胰岛素分泌过多，引起低血糖；③胰岛素注射过量；④严重肝病，使肝糖原合成、分解及糖异生能力减弱；⑤内分泌异常（垂体功能或肾上腺皮质功能低下等），使升高血糖的激素分泌减少等。

（三）糖耐量试验

糖耐量试验是口服一定量葡萄糖后间隔一定时间测定血糖水平的试验，是诊断糖尿病前期和糖尿病的方法。具体方法为：受试者空腹口服溶于 300ml 水内的无水葡萄糖粉 75g，糖水在 5 分钟之内服完。从服糖第 1 口开始计时，于服糖前和服糖后 2 小时分别在前臂采血测血糖。

正常血糖：空腹血糖在 3.9 ～ 6.1mmol/L 为正常范围，餐后血糖浓度升高，餐后 2 小时血糖 < 7.8mmol/L。

糖耐量受损：一般空腹血糖浓度 < 7.0mmol/L，食糖后 2 小时血糖浓度 ≥ 7.8mmol/L， < 11mmol/L。

糖尿病患者：空腹血糖 ≥ 7.0mmol/L，餐后 2 小时血糖 ≥ 11.1mmol/L。

链接

妊娠期糖尿病

　　妊娠期糖尿病（GDM）是指妊娠期间发生的糖代谢异常，但血糖未达到显性糖尿病的水平。诊断标准为：孕期任何时间行 75g 口服葡萄糖耐量试验（OGTT）。5.1mmol/L ≤空腹血糖＜ 7.0mmol/L，OGTT 1h 血糖 ≥ 10.0mmol/L，8.5mmol/L ≤ OGTT 2h 血糖＜ 11.1mmol/L。任 1 个时间点血糖达到上述标准即可诊断。由于空腹血糖会随孕期进展逐渐下降，因此孕早期单纯空腹血糖＞ 5.1mmol/L 不能诊断 GDM，需要随访。

自 测 题

一、名词解释

1. 糖酵解　2. 糖的有氧氧化　3. 糖异生　4. 血糖

二、填空题

1. 糖分解代谢的三条途径是 _____、_____、_____。

2. 糖异生的主要部位是 _____；严重饥饿时 _____ 的糖异生能力大为增加。

三、单选题

1. 成熟红细胞以糖酵解供能的原因是（　　　）

　　A. 缺氧　　　　　　　B. 缺少 TPP

　　C. 缺少辅酶 A　　　　D. 缺少线粒体

　　E. 缺少微粒体

2. 糖氧化供能最主要的途径是（　　　）

　　A. 糖原合成　　　　　B. 磷酸戊糖途径

　　C. 糖异生　　　　　　D. 糖有氧氧化

　　E. 糖原分解

3. NADPH+H$^+$ 产生于糖代谢的（　　　）

　　A. 糖原合成　　　　　B. 磷酸戊糖途径

　　C. 糖异生　　　　　　D. 糖有氧氧化

　　E. 糖原分解

4. 调节血糖浓度的主要器官是（　　　）

　　A. 肌肉　　　B. 大脑　　　C. 肾脏

　　D. 肝脏　　　E. 小肠

5. 正常人清晨空腹血糖浓度为（　　　）

　　A. 2.6 ～ 3.8mmol/L　　B. 3.6 ～ 5.8mmol/L

　　C. 3.9 ～ 6.1mmol/L　　D. 3.3 ～ 7.1mmol/L

　　E. 6.6 ～ 8.8mmol/L

6. 当血糖超过肾糖阈值时，可出现（　　　）

　　A. 生理性血糖升高　　B. 病理性血糖升高

　　C. 生理性血糖降低　　D. 病理性血糖降低

　　E. 糖尿

7. 糖在体内的储存形式是（　　　）

　　A. 葡萄糖　　　　　　B. 核糖

　　C. 糖原　　　　　　　D. 乳糖

　　E. 淀粉

8. 促使血糖浓度下降的激素是（　　　）

　　A. 肾上腺素　　　　　B. 胰高血糖素

　　C. 生长素　　　　　　D. 糖皮质激素

　　E. 胰岛素

9. 肌糖原分解不能直接补充血糖的原因是肌组织中缺乏（　　　）

　　A. 己糖激酶　　　　　B. 葡萄糖激酶

　　C. 葡萄糖 -6- 磷酸酶　D. 磷酸酶

　　E. 脱支酶

10. 1 分子葡萄糖经过酵解途径净生成的 ATP 数是（　　　）

　　A. 1　　　　　　B. 2　　　　　　C. 3

　　D. 4　　　　　　E. 5

四、简答题

1. 简述糖酵解的生理意义。

2. 简述有氧氧化的生理意义。

3. 简述血糖的来源与去路。

（高宝珍）

第7章
脂类代谢

第1节 概　述

脂类是脂肪和类脂的总称。脂肪由 1 分子甘油和 3 分子脂肪酸组成，又称为三酰甘油或甘油三酯。类脂包括磷脂、糖脂、胆固醇和胆固醇酯。

考点 脂类的组成

一、脂类的分布与含量

（一）脂肪的分布与含量

体内的脂肪主要分布在脂肪组织，如皮下、大网膜、肠系膜和肾周围等处，这些部位常被称为脂库。成年男性体内脂肪含量占体重的 10%～20%，女性稍高。体内脂肪含量易受营养状况、机体活动量等多种因素的影响而发生变化，故称可变脂。

> **链接**
>
> ### 肥　胖　症
>
> 肥胖是体内脂肪成分过多致体重明显超出正常范围（＞标准体重20%）的异常状态。体内脂肪成分过多致体重超过标准体重的 20% 或 BMI[体重指数，即体重（kg）与身高（m）平方的比值]＞28kg/m^2 称为肥胖症。肥胖症发生的原因主要是糖、脂肪、蛋白质摄入过多，超过机体生命活动的需要，转变为脂肪储存在脂肪组织，导致体重增加。肥胖可诱发动脉粥样硬化、高血压、糖尿病等。因此均衡膳食、适当控制进食量和坚持运动非常重要。

（二）类脂的分布与含量

类脂分布于各组织中，以神经组织中含量最多。体内类脂总量约占体重的 5%，其含量不受营养状况及机体活动量等因素的影响而变化，又称为固定脂。

二、脂类的生理功能

（一）脂肪的生理功能

1. 储能供能　脂肪是体内主要的储能物质。1g 脂肪彻底氧化可释放 9.3kcal 的能量，比同重量的糖和蛋白质高 1 倍多。正常人体生理活动所需能量的 15%～20% 由脂肪提供；空腹时，体内所需能量的 50% 以上来自脂肪的氧化；禁食 1 ～ 3 天，约 85% 的能量来自脂肪。

2. 维持体温　脂肪不易传热，人体皮下脂肪能防止体内热量散失，维持体温恒定。

3. 保护内脏　脂肪组织结构柔软，能缓冲外界的机械性撞击，使内脏器官免受损伤。

4. 提供必需脂肪酸　亚油酸、亚麻酸、花生四烯酸等多种不饱和脂肪酸，在人体内不能合成，必须由食物供给，称为营养必需脂肪酸。它们是维持机体生长发育和皮肤正常代谢所必需的，若食物中缺乏，则可出现生长缓慢、上皮功能异常，以及皮炎、毛发稀疏等症状。此外，必需脂肪酸还具有降低血中胆固醇和抗动脉粥样硬化的作用。花生四烯酸是合成前列腺素、血栓素和白三烯等生理活性物质的原料。

5. 促进脂溶性维生素的吸收　食物中的脂肪在肠道内能协助脂溶性维生素的吸收。胆管梗阻的患者，不仅会出现脂类的消化障碍，还会伴有脂溶性维生素的吸收减少。

（二）类脂的生理功能

1. 构成生物膜　磷脂和胆固醇是构成所有生物膜的主要结构成分，约占膜重量的 50%，维持着细胞的正常结构与功能。

2. 参与神经髓鞘的构成　胆固醇和磷脂参与构成神经髓鞘，维持神经冲动的正常传导。

3. 参与组成脂蛋白　类脂参与组成脂蛋白，协助脂类在血液中的运输。

4. 提供必需脂肪酸　磷脂分子中含有必需脂肪酸，是人体必需脂肪酸的重要来源。

5. 转变为多种重要的生理活性物质　胆固醇在体内可转变为胆汁酸、维生素 D_3 及类固醇激素等多种重要物质。

第 2 节　三酰甘油的代谢

一、三酰甘油的分解代谢

（一）脂肪动员

储存在脂肪细胞中的脂肪，在脂肪酶的催化下逐步水解为脂肪酸和甘油，并释放入血供其他组织氧化利用的过程称为脂肪动员。

$$三酰甘油 \xrightarrow[R_1-COOH]{三酰甘油脂肪酶} 二酰甘油 \xrightarrow[R_2-COOH]{二酰甘油脂肪酶} 单酰甘油 \xrightarrow[R_3-COOH]{单酰甘油脂肪酶} 甘油$$

三酰甘油脂肪酶是脂肪动员的限速酶，因其活性受多种激素调节，故又称为激素敏感性脂肪酶。肾上腺素、去甲肾上腺素、肾上腺皮质激素、胰高血糖素等可增强激素敏感性脂肪酶的活性而促进脂肪的动员，故称为脂解激素；胰岛素可抑制激素敏感性脂肪酶的活性，减少脂肪的动员，称为抗脂解激素。正常情况下，这两类激素协同作用，使脂肪的水解速度与机体的需要相适应。

人体处于紧张、兴奋、饥饿状态时，肾上腺素、去甲肾上腺素、胰高血糖素分泌量增加，三酰甘油脂肪酶的活性增强，脂肪动员加强，机体储存的脂肪含量就会减少。所以，人体长期处于紧张、饥饿状态时就会消瘦。

考点 脂肪动员的产物、限速酶

（二）甘油的代谢

脂肪动员产生的甘油，经血液循环，主要运输到肝、肾、小肠黏膜等组织中代谢，可氧化供能，也可异生为糖。

$$
\begin{array}{l}
\text{CH}_2\text{—OH} \\
\text{HC—OH} \\
\text{CH}_2\text{—OH} \\
\text{甘油}
\end{array}
\xrightarrow[\text{甘油磷酸激酶}]{\text{ATP　ADP}}
\begin{array}{l}
\text{CH}_2\text{—OH} \\
\text{HC—OH} \\
\text{CH}_2\text{—O—}\textcircled{P} \\
\alpha\text{-磷酸甘油}
\end{array}
\xrightarrow[\text{磷酸甘油脱氢酶}]{\text{NAD}^+\ \ \text{NADH+H}^+}
\begin{array}{l}
\text{CH}_2\text{—OH} \\
\text{C=O} \\
\text{CH}_2\text{—O—}\textcircled{P} \\
\text{磷酸二羟丙酮}
\end{array}
\longrightarrow
\begin{array}{l}
\text{葡萄糖} \\
\text{或糖原} \\
\\
\text{CO}_2 + \text{H}_2\text{O} \\
+ \text{能量}
\end{array}
$$

（三）脂肪酸的氧化

脂肪动员产生的游离脂肪酸释放入血后，与清蛋白结合由血液运输到全身各组织。机体除脑组织和成熟红细胞外，大多数组织都能利用脂肪酸氧化供能，但以肝和肌肉最为活跃。线粒体是脂肪酸氧化的主要部位。脂肪酸氧化过程可分为三个阶段：脂肪酸的活化与转运、脂酰 CoA 的 β- 氧化、乙酰 CoA 的彻底氧化。

1. 脂肪酸的活化与转运　脂肪酸在脂酰 CoA 合成酶的催化下转变为脂酰 CoA 的过程，称为脂肪酸的活化。反应在细胞质中进行，由 ATP 供能，同时需要 HSCoA 和 Mg^{2+} 参与。

$$
\underset{\text{脂肪酸}}{\text{RCOOH}} + \text{HSCoA} + \text{ATP} \xrightarrow[\text{Mg}^{2+}]{\text{脂酰CoA合成酶}} \underset{\text{脂酰CoA}}{\text{RCO}\sim\text{SCoA}} + \text{AMP} + \text{PPi}
$$

反应中生成的焦磷酸（PPi）很快被水解，阻止了逆向反应的进行。ATP 供能后生成 AMP，AMP 需经两次磷酸化才能再转变为 ATP，因此 1 分子脂肪酸活化，等于消耗了 2 分子 ATP。

脂肪酸活化是在细胞质中进行的，而催化脂酰 CoA 继续氧化的酶系存在于线粒体基质内。脂酰 CoA 不能自由穿过线粒体的内膜，其脂酰基借助线粒体内膜上肉毒碱的携带可转运进入线粒体基质。进入线粒体基质的脂酰基与 HSCoA 结合后又转变为脂酰 CoA，开始氧化分解。

2. 脂酰 CoA 的 β- 氧化　脂酰 CoA 进入线粒体基质后，在脂肪酸 β- 氧化酶系催化下进行氧化分解，由于氧化主要是在脂酰基的 β- 碳原子上发生，故称为 β- 氧化。β- 氧化包括脱氢、加水、再脱氢和硫解 4 步反应，生成 1 分子乙酰 CoA 和 1 分子比原来少 2 个碳原子的脂酰 CoA。后者可再进行 β- 氧化，如此反复进行，直至脂酰 CoA 完全氧化为乙酰 CoA（图 7-1）。

每一次 β- 氧化过程中有两次脱氢反应，分别生成 $FADH_2$ 和 $NADH+H^+$，它们经呼吸链进行氧化磷酸化，分别生成 1.5 分子 ATP 和 2.5 分子 ATP。所以，β- 氧化每进行一次可生成 4 分子 ATP。

3. 乙酰 CoA 的彻底氧化　β- 氧化的终产物乙酰 CoA，经三羧酸循环彻底氧化，生成 H_2O 和 CO_2 并释放能量。

考点　脂肪酸 β- 氧化的步骤、终产物

脂肪酸氧化可产生大量能量。以 16C 软脂酸为例计算 ATP 的生成量。软脂酸是含 16 个碳原子的饱和脂肪酸，需经 7 次 β- 氧化，生成 8 分子乙酰 CoA。因此，在 β- 氧化阶段生成 $4\times7=28$ 分子 ATP，在三羧酸循环阶段生成 $10\times8=80$ 分子 ATP。由于脂肪酸活化阶段消耗了 2 分子 ATP，所以 1 分子软脂酸完全氧化净生成 $28+80-2=106$ 分子 ATP。

1分子脂肪分解可产生3分子脂肪酸。由此可见，脂肪分子内储存了大量能量。

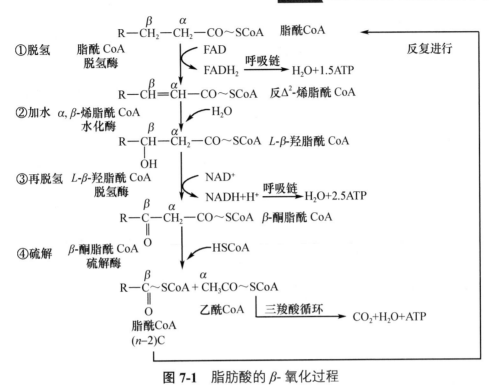

图 7-1　脂肪酸的 β- 氧化过程

二、酮体的生成和利用

案例 7-1

　　患者，男，56 岁。口渴、多饮、消瘦 3 个月，突发昏迷 2 日。呼吸弱，呼气有烂苹果味。血糖 30mmol/L，血钠 132mmol/L，血钾 4.0mmol/L，尿素氮 9.7mmol/L，CO_2 结合力 18.3mmol/L，尿糖、尿酮体强阳性。初步诊断为糖尿病酮症酸中毒。

问题：1. 请分析该患者消瘦的原因。

　　　　2. 酮症酸中毒的机制是什么？

（一）酮体的生成

　　在骨骼肌和心肌等肝外组织中，脂肪酸经 β- 氧化生成的乙酰 CoA 能彻底氧化供能。但在肝细胞中 β- 氧化生成的乙酰 CoA，除了氧化供能，还能缩合生成酮体。酮体是脂肪酸在肝内氧化时产生的特有的正常中间产物，包括乙酰乙酸、β- 羟丁酸和丙酮。

　　肝细胞线粒体内含有催化酮体合成的酶系，故合成酮体是肝脏特有的功能。合成原料为脂肪酸 β- 氧化生成的乙酰 CoA（图 7-2）。

（二）酮体的利用

　　肝脏能合成酮体，但缺乏利用酮体的酶，因此不能氧化酮体，肝所生成的酮体可以经血液运往肝外组织被氧化利用。肝外组织，特别是骨骼肌、心肌、脑和肾脏中有活性很强的可利用酮体的酶，可将酮体转化为乙酰 CoA，再通过三羧酸循环氧化供能（图 7-3）。丙酮不能按上述方式氧化，且由于量少可随尿排出，当血中酮体浓度显著升高时，丙酮也可从肺直接呼出，导致呼气有烂苹果味。

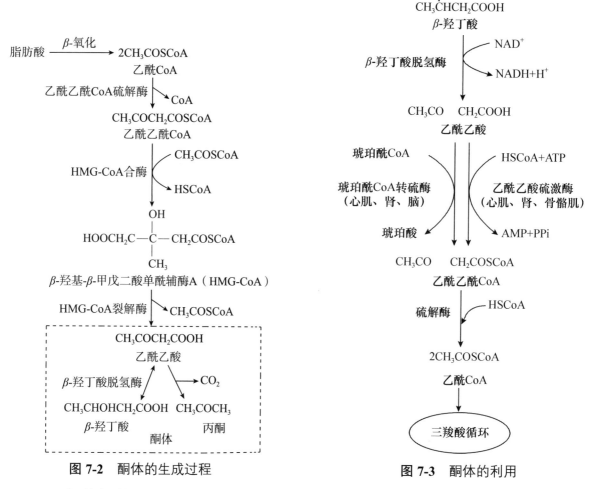

图 7-2　酮体的生成过程

图 7-3　酮体的利用

（三）酮体代谢的特点及生理意义

1. 酮体代谢的特点　肝内生酮，肝外利用。

2. 生理意义

（1）酮体分子量小，水溶性强，容易通过血脑屏障和毛细血管壁，是肝输出脂类能源物质的一种重要形式。

（2）长期饥饿及糖供应不足时，酮体可替代葡萄糖成为脑及肌肉等组织的主要能源。

（3）酮体生成过多，可引起酮症酸中毒。正常情况下，肝生成的酮体能迅速被肝外组织利用，血中仅含少量，为 0.03 ～ 0.50mmol/L，其中 β- 羟丁酸约占酮体总量的 70%，乙酰乙酸约占 30%，丙酮含量极微。在长期饥饿和糖尿病等情况下，体内脂肪动员及脂肪酸氧化分解加强，肝内酮体生成增多，超过了肝外组织的利用能力，可导致血中酮体升高，称为酮血症；此时，一部分酮体可随尿排出，称为酮尿。由于酮体中的乙酰乙酸和 β- 羟丁酸都是酸性物质，酮血症可引起代谢性酸中毒，又称酮症酸中毒。

考点　酮体代谢的特点及生理意义

三、三酰甘油的合成代谢

肝脏、脂肪组织及小肠是体内合成脂肪的主要部位，合成原料是 α- 磷酸甘油和脂酰CoA，合成场所是细胞液。

（一）α-磷酸甘油的合成

α-磷酸甘油主要由糖代谢的中间产物磷酸二羟丙酮还原生成，也可来自甘油的磷酸化。

（二）脂酰 CoA 的合成

脂肪酸活化生成脂酰 CoA。脂肪酸可来自食物，也可在体内合成。体内合成脂肪酸的主要原料是乙酰 CoA，主要来自糖的氧化分解。合成过程中的供氢体是 NADPH+H$^+$，由磷酸戊糖途径产生。所以糖在体内很容易转变成脂肪。合成过程需 ATP 供能。

（三）脂肪的合成

脂肪的合成以 α-磷酸甘油和脂酰 CoA 为原料，在脂酰基转移酶及磷酸酶的催化下合成的。

第 3 节　磷脂的代谢

类脂中含有磷酸的化合物称为磷脂，分为以甘油为基本骨架的甘油磷脂和以鞘氨醇为基本骨架的鞘磷脂两大类。人体内含量最多的是甘油磷脂。

一、甘油磷脂的合成

甘油磷脂由 1 分子甘油、2 分子脂肪酸、1 分子磷酸和 1 分子取代基团组成。主要包括磷脂酰胆碱（卵磷脂）和磷脂酰乙醇胺（脑磷脂）等，其中磷脂酰胆碱在体内分布广、含量多，约占磷脂总量的 50%。

1. 合成部位　机体各组织均可合成甘油磷脂，其中以肝、肾、肠等组织的合成最为活跃。

2. 合成原料　甘油磷脂的合成原料主要有二酰甘油、胆碱、乙醇胺（胆胺）、丝氨酸等。二酰甘油由磷脂酸水解产生；胆碱和乙醇胺可由食物供给，也可由丝氨酸代谢而来。合成需 ATP 和 CTP 提供能量。

3. 合成的基本过程　食物供给或由丝氨酸脱羧生成的胆碱和乙醇胺，在体内一系列酶的催化下先生成胞苷二磷酸胆碱（CDP-胆碱）和胞苷二磷酸胆胺（CDP-乙醇胺）。两者再分别与二酰甘油作用生成磷脂酰胆碱和磷脂酰乙醇胺，或由磷脂酰乙醇胺甲基化而生成磷脂酰胆碱（图 7-4）。

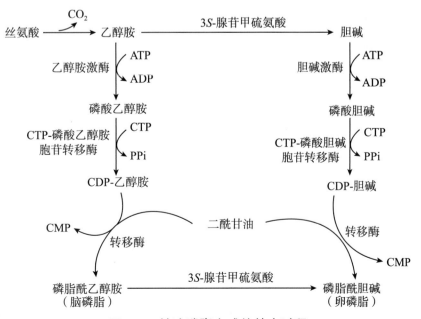

图 7-4　甘油磷脂合成的基本过程

二、甘油磷脂的分解

体内的甘油磷脂在各种酶的催化作用下，水解为甘油、脂肪酸、磷酸、胆碱和乙醇胺等物质。这些物质可氧化分解或被机体再利用。

> **链接**
>
> **蛇毒的功与过**
>
> 磷脂酶 A_2 水解磷脂可释放出溶血磷脂，使红细胞膜结构破坏，引起溶血和细胞坏死。某些蛇毒中含有磷脂酶 A_2，因此蛇毒进入人体时可诱发溶血症状；临床上也可以利用毒蛇的溶血作用治疗血栓。

第4节　胆固醇的代谢

胆固醇是具有环戊烷多氢菲的衍生物，最早从动物胆石中分离出来，故称为胆固醇。胆固醇既是生物膜及血浆脂蛋白的重要成分，又是类固醇激素、胆汁酸等生理活性物质的原料。胆固醇广泛分布于全身各组织中，正常成人体内含胆固醇约140g，分布极不均匀，神经组织、肾上腺皮质等组织中含量高，其次是肝、肾、小肠等组织，肌肉中含量较低。

人体胆固醇的来源主要有两方面：一是体内合成，这是人体胆固醇的主要来源；二是从食物中摄取。正常人每天膳食中含胆固醇300～500mg，主要来自动物内脏、蛋黄、奶油及肉类。植物性食品不含胆固醇，而含植物固醇，不易被人体吸收，摄入过多可抑制胆固醇的吸收。

一、胆固醇的合成

成年人除脑组织及成熟红细胞外，其他各组织均可合成胆固醇。人体每天合成胆固醇的总量为 1.0～1.5g，肝是合成胆固醇的主要器官，其合成量占总量的70%～80%，其次为小肠，可占总量的10%。

胆固醇合成的原料是乙酰CoA，凡能生成乙酰CoA的物质均可合成胆固醇，如葡萄糖、脂肪酸及某些氨基酸等。此外还需要有 ATP 提供能量，由 NADPH+H$^+$ 提供氢。

胆固醇的合成在细胞质和内质网中进行，限速酶是HMG-CoA还原酶，合成过程见图 7-5。

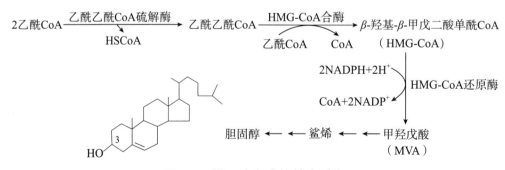

图 7-5　胆固醇合成的基本过程

链接

胆固醇与诺贝尔生理学或医学奖

由于"在胆固醇代谢的调控方面的发现"，美国科学家布朗和戈德斯坦共同获得 1985 年诺贝尔生理学或医学奖。他们长期共同研究胆固醇代谢和动脉粥样硬化的起因，他们的研究成果促进了降低胆固醇的化合物他汀类药物的发展，降低了罹患心脏病和卒中的风险。他汀类药物就是通过抑制体内 HMG-CoA 还原酶，减少内源性胆固醇的合成来发挥作用的。

二、胆固醇的转化与排泄

胆固醇在体内不能氧化供能，所以不是体内的能源物质，但可转变为多种具有重要生理功能的类固醇物质。

（一）胆固醇的转化

1. 转变为胆汁酸　胆固醇在体内的主要代谢去路是在肝中转变为胆汁酸。人体每天合成的胆固醇，约 2/5 在肝中转变为胆汁酸，并以胆汁酸盐的形式随胆汁排入肠道，促进脂类物质的消化吸收。胆汁酸对胆汁中的胆固醇也具有助溶作用。

2. 转变成类固醇激素　在肾上腺皮质和性腺等组织中，胆固醇可转变为肾上腺皮质激素和性激素。

3. 转变为维生素 D_3　胆固醇在肝、小肠黏膜和皮肤等处可被氧化成 7- 脱氢胆固醇，随血液循环运输至皮肤并储存。皮下的 7- 脱氢胆固醇经日光中紫外线照射可转变为维生素 D_3，活化后的维生素 D_3 可促进小肠对钙和磷的吸收。

（二）胆固醇的排泄

体内胆固醇可随胆汁进入肠道，少量被重吸收，大部分被肠道细菌还原为粪固醇随粪便排出。

考点　胆固醇的转化与排泄途径

第 5 节　血脂、血浆脂蛋白与常见脂类代谢异常

一、血　脂

血浆中的各种脂类物质统称为血脂，包括三酰甘油（TG）、磷脂（PL）、胆固醇（Ch）、胆固醇酯（CE）和游离脂肪酸（FFA）。

正常情况下，体内血脂的来源与去路处于动态平衡状态（图 7-6）。血浆脂类虽仅占全身脂类总量的极少部分，但血脂转运于全身各组织之间，可以反映体内脂类物质的代谢情况。因此测定血脂含量是临床生化检验的常规项目，可用于辅助诊断疾病。血浆中脂类含量的变动幅度较大，饭后 12 小时之后趋于稳定，故临床采血时间为饭后 12 ～ 14 小时。

考点　血脂的成分

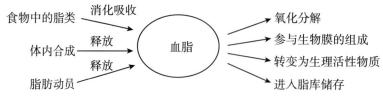

图 7-6　血脂的来源与去路

二、血浆脂蛋白

脂类物质难溶于水,必须与水溶性强的蛋白质结合才能在血液中运输。脂类在血液中运输的主要形式是血浆脂蛋白,由三酰甘油、磷脂、胆固醇、胆固醇酯与载脂蛋白结合形成;游离脂肪酸在血浆中与其载体清蛋白结合而运输,不参与血浆脂蛋白的构成。

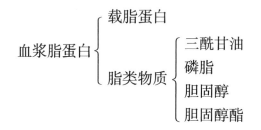

考点　脂类在血液中运输的主要形式

(一)血浆脂蛋白的分类

1. 密度分离法(超速离心法)　不同脂蛋白中各种脂类和蛋白质所占的比例不同,其密度也会存在差异,含三酰甘油多蛋白质少的密度小,反之密度大。将血浆置于一定密度的盐溶液中超速离心,其所含的脂蛋白按密度由小到大可分离为:乳糜微粒(CM)、极低密度脂蛋白(VLDL)、低密度脂蛋白(LDL)和高密度脂蛋白(HDL)。

2. 电泳分离法　由于不同脂蛋白中载脂蛋白的种类和含量不同,其表面所带电荷多少及颗粒大小也不同,在电场的作用下具有不同的迁移率,按迁移速度由快到慢依次排列为:α-脂蛋白(α-LP)、前β-脂蛋白(preβ-LP)、β-脂蛋白(β-LP)和乳糜微粒(CM),血浆脂蛋白电泳图谱示意图见图 7-7。

图 7-7　血浆脂蛋白电泳图谱示意图

两种分离法所得血浆脂蛋白的对应关系见图 7-8。

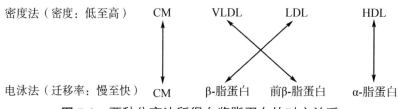

图 7-8　两种分离法所得血浆脂蛋白的对应关系

（二）血浆脂蛋白的功能

1. 乳糜微粒（CM）　是由小肠黏膜细胞吸收食物中的脂类后形成的脂蛋白，经淋巴管进入血液循环，是转运外源性三酰甘油的主要形式。人体进食大量脂肪后，血中 CM 增多，故饭后血浆浑浊，数小时后血浆变澄清，这种现象称为脂肪的廓清。其形成机制是，当 CM 随血液流经肌肉和脂肪等组织的毛细血管时，其中的三酰甘油可被血管内皮细胞表面的脂蛋白脂肪酶（LPL）水解，因此正常人空腹血浆中没有 CM。

2. 极低密度脂蛋白（VLDL）　是由肝细胞合成的，主要功能是将肝脏合成的内源性三酰甘油转运到肝外组织。转运过程中，VLDL 中的三酰甘油可被 LPL 水解，因此，正常人空腹血浆中 VLDL 含量较低。VLDL 合成障碍时，三酰甘油不能正常转运出肝脏，在肝脏内堆积过多可形成脂肪肝。

3. 低密度脂蛋白（LDL）　由 VLDL 在血浆中转变而来，主要功能是将肝合成的内源性胆固醇转运到肝外组织。LDL 是正常人空腹时主要的血浆脂蛋白，约占总量的 2/3。

血浆 LDL 含量增高，可使过多的胆固醇沉积在动脉血管内皮细胞而诱发动脉粥样硬化。

4. 高密度脂蛋白（HDL）　主要由肝合成，小肠也可合成。正常成人空腹血浆 HDL 含量较为稳定，约占血浆脂蛋白总量的 1/3。

HDL 的主要功能是将肝外组织的胆固醇转运到肝中进行代谢。这种胆固醇的逆向转运，可清除外周组织中的胆固醇，防止胆固醇沉积在动脉管壁和其他组织中。因此，HDL 具有抗动脉硬化的作用。血浆 HDL 含量增高的人，动脉粥样硬化的发生率较低。

血浆脂蛋白的分类、密度、组成特点及主要功能见表 7-1。

分类（密度法）	密度（g/cm³）	组成特点（%）				主要生理功能
		蛋白质	三酰甘油	胆固醇	磷脂	
乳糜微粒	< 0.96	1～2	80～95	2～7	6～9	转运外源性三酰甘油
极低密度脂蛋白	0.96～1.01	5～10	50～70	10～15	10～15	转运内源性三酰甘油
低密度脂蛋白	1.01～1.06	20～25	10	45～50	20	转运胆固醇（肝内→肝外）
高密度脂蛋白	1.06～1.21	45～50	5	20～22	30	转运胆固醇（肝外→肝内）

表 7-1　血浆脂蛋白的密度、组成特点和主要生理功能

考点 血浆脂蛋白的生理功能

三、常见脂类代谢异常

血脂异常包括血脂量和质的异常，通常指血浆中胆固醇或三酰甘油升高，也包括低密度脂蛋白胆固醇（LDL-C）升高及高密度脂蛋白胆固醇（HDL-C）降低。临床上常将血脂异常分为四种类型：高胆固醇血症、高三酰甘油血症、混合型高脂血症和低密度脂蛋白血症。血脂异常可诱发动脉粥样硬化，也与脂肪肝、冠心病等疾病的发生密切相关。

自 测 题

一、名词解释

1. 必需脂肪酸　2. 脂肪动员

二、填空题

1. 脂类包括脂肪和类脂。脂肪是由 1 分子＿＿＿＿＿＿＿和 3 分子＿＿＿＿＿＿＿构成，类脂包括＿＿＿＿＿＿＿、＿＿＿＿＿＿＿、＿＿＿＿＿＿＿、＿＿＿＿＿＿＿。

2. 酮体包括＿＿＿＿＿＿＿、＿＿＿＿＿＿＿、＿＿＿＿＿＿＿，在＿＿＿＿＿＿＿中合成，合成的原料是＿＿＿＿＿＿＿，运输至＿＿＿＿＿＿＿进行分解代谢。在糖供应不足时，酮体将代替葡萄糖成为＿＿＿＿＿＿＿＿＿等组织的主要能源。

3. 胆固醇在体内可以转变为＿＿＿＿＿＿＿、＿＿＿＿＿＿＿、＿＿＿＿＿＿＿等多种生物活性物质。

4. 血液中脂类物质运输的主要形式是＿＿＿＿＿＿＿，由＿＿＿＿＿＿＿、＿＿＿＿＿＿＿、＿＿＿＿＿＿＿、＿＿＿＿＿＿＿与载脂蛋白结合形成。游离脂肪酸与＿＿＿＿＿＿＿结合而运输。

5. 正常人空腹情况下血浆中的主要血浆脂蛋白是＿＿＿＿＿＿＿和＿＿＿＿＿＿＿，检测不到的血浆脂蛋白是＿＿＿＿＿＿＿和＿＿＿＿＿＿＿。

三、单选题

1. 脂肪在人体的主要生理功能是（　　　　）

　A. 维持体温　　　　B. 保护内脏

　C. 提供必需脂肪酸　D. 储能供能

　E. 构成生物膜

2. 脂酰 CoA β- 氧化的终产物是（　　　　）

　A. 乙酰 CoA　　　　B. 脂酰 CoA

　C. 丙酮酸　　　　　D. 二氧化碳和水

　E. 乳酸

3. 一分子硬脂酸(18C)彻底氧化需经几次 β- 氧化、几次三羧酸循环、生成多少分子 ATP（　　　　）

　A.7，8，122　　　　B.7，8，120

　C.8，9，120　　　　D.8，9，122

　E.9，9，122

4. 长期饥饿时脑组织的能量主要来自（　　　　）

　A. 脂肪酸的氧化　　B. 氨基酸的氧化

　C. 葡萄糖的氧化　　D. 酮体的氧化

　E. 甘油的氧化

5. 长期饥饿时尿中哪种物质会增多（　　　　）

　A. 葡萄糖　B. 乳酸　　　　C. 丙酮酸

　D. 酮体　　E. 脂肪酸

6. 胆固醇合成的主要器官是（　　　　）

　A. 肝　　　　B. 脑　　　　C. 肺

　D. 小肠　　　E. 心

7. 胆汁酸由下列哪种物质转化而来（　　　　）

　A. 糖　　　　B. 类固醇激素　C. 维生素 D_3

　D. 维生素　　E. 胆固醇

8. 为准确测定血脂含量，临床上的采血时间通常是饭后几小时（　　　　）

　A.4 ～ 6 小时　　　　B. 8 ～ 10 小时

　C. 12 ～ 14 小时　　D. 12 ～ 16 小时

　E.16 小时以上

9. VLDL 的主要功能是（　　　　）

　A. 转运外源性三酰甘油

　B. 转运内源性三酰甘油

　C. 转运胆固醇从肝内到肝外

　D. 转运胆固醇从肝外到肝内

　E. 生成胆固醇

10. 血浆中哪种脂蛋白水平高的人群，动脉粥样硬化的发生率较低（　　　　）

　A. CM　　　B. VLDL　　　C. LDL

　D. HDL　　E. 脂肪酸 - 清蛋白

四、简答题

1. 何为血脂？血脂包括哪些成分？

2. 何为酮体？说出酮体代谢的特点及生理意义。

3. 血浆脂蛋白分为哪几类？各种脂蛋白的主要功能是什么？

（柳晓燕）

第**8**章 氨基酸代谢

第1节 蛋白质概述

一、蛋白质的生理功能

1. 维持组织细胞的生长、更新和修复　蛋白质是生命的物质基础，是构成机体组织、器官的重要组成部分。在细胞中，蛋白质占细胞干重的 70% 以上。因此参与机体组织、器官的构成是蛋白质最重要的生理功能。

儿童身体的生长发育可以看作是蛋白质不断积累的过程，成年人各组织细胞的蛋白质也要不断地更新，蛋白质还是修补组织受创时的原料。

2. 参与重要的生理功能　体内重要的生理活动都是由蛋白质来完成的。例如，参与机体防御功能的抗体、催化代谢反应的酶大部分是蛋白质；调节物质代谢和生理活动的某些激素和神经递质，有的是蛋白质或多肽类物质，有的是氨基酸转变的产物。此外，肌肉收缩、血液凝固、物质的运输等生理功能也是由蛋白质来实现的。

3. 氧化供能　蛋白质也是人体能量的来源之一，每克蛋白质在体内氧化分解可产生17.19kJ（4.1kcal）的能量。一般成人每日约有 18% 的能量来自蛋白质。但糖与脂肪可以代替蛋白质提供能量，故氧化供能是蛋白质的次要生理功能。

二、蛋白质的需要量

（一）氮平衡

氮平衡是指氮的摄入量与排出量之间的平衡状态。食物中的含氮物质主要是蛋白质，摄入量反映了人体蛋白质的合成量，而随尿液、粪便等排出的含氮物质主要来自蛋白质的分解代谢。通过测定摄入食物的氮含量（摄入氮）和排泄物中的氮含量（排出氮），即氮平衡试验，可以间接了解蛋白质在体内的合成与分解代谢概况。氮平衡有以下三种情况。

1. 总氮平衡　摄入氮 = 排出氮，表明体内蛋白质的合成量和分解量处于动态平衡。营养正常的健康成年人属此类型。

2. 正氮平衡　摄入氮＞排出氮，表明体内蛋白质的合成量大于分解量。此种情况常见于生长期的儿童、青少年，孕妇和恢复期的伤病员等。

3. 负氮平衡　摄入氮＜排出氮，表明体内蛋白质的合成量小于分解量。此种类型可见于长期饥饿、营养不良、慢性消耗性疾病患者等。

考点　氮平衡的概念、类型及常见人群

（二）生理需要量

根据氮平衡试验，体重 60kg 的正常成人在不进食蛋白质时，每天排氮量约 3.2g，相当于 20g 蛋白质。由于食物蛋白质与人体蛋白质组成的差异，食物蛋白质不可能被全部吸收利用，故成人每天蛋白质的最低生理需要量至少为 30g。为了长期保持总氮平衡，必须再适当增加摄入量才能满足人体要求。我国营养学会推荐正常成人每日蛋白质的需要量为 80g。

三、蛋白质的营养价值

蛋白质是人体必需的营养物质。组成人体蛋白质的氨基酸有 20 种，其中有 9 种氨基酸——缬氨酸、甲硫氨酸、异亮氨酸、苯丙氨酸、亮氨酸、色氨酸、苏氨酸、赖氨酸和组氨酸不能在体内合成，必须由食物提供，称为营养必需氨基酸，其余的 11 种氨基酸可以在体内合成，不一定需要食物供给，称为营养非必需氨基酸。

考点 必需氨基酸的概念、种类

蛋白质的营养价值决定于它所含必需氨基酸的种类、数量和比例。一般来说，动物蛋白质所含的必需氨基酸种类和比例与人体需求更接近，故动物蛋白质营养价值高于植物蛋白质。

将营养价值较低的蛋白质混合食用，则必需氨基酸可以互相补充从而提高其营养价值，称为食物蛋白质的互补作用。例如，谷类食物中赖氨酸含量较少而色氨酸含量较多，豆类食物中赖氨酸含量较多而色氨酸含量较少，把这两类食物混合食用，可在氨基酸组成上起到互补作用，可提高两类食物的营养价值。为了发挥蛋白质的互补作用，食物种类应该多样化，荤素搭配更合理。

考点 食物蛋白营养价值、蛋白质互补作用

如果人体内蛋白质长期供给不足，就会形成蛋白质缺乏症，表现为体重减轻、抵抗力降低、创伤修复缓慢，出现水肿、贫血等症状，婴儿常表现为发育迟缓。但蛋白质长期摄入过多也会增加肝肾负担。

第 2 节　氨基酸的一般代谢

一、氨基酸的代谢概况

食物中的蛋白质经过消化、吸收后，以氨基酸的形式通过血液循环运送到全身各组织。而组织中原有的蛋白质在酶的作用下，又不断地分解成为氨基酸，同时机体还可以合成一部分非必需氨基酸。这些不同来源的氨基酸混合在一起，存在于各种体液中，共同构成机体的氨基酸代谢库。

氨基酸的主要去路是合成蛋白质，满足机体生长发育和组织更新修复等需要。氨基酸分解的主要途径是通过脱去氨基生成氨和 α- 酮酸，还有某些氨基酸脱去羧基生成二氧化碳和相应的胺。部分氨基酸可转变为具有重要生理功能的含氮物质，如核苷酸、肽类激素、甲状腺素、黑色素等。此外，一部分氨基酸还可以转变成糖和脂肪。正常情况下，体内氨基酸的来源和去路处于动态平衡，如图 8-1 所示。

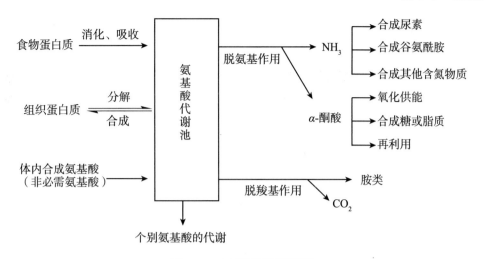

图 8-1　氨基酸代谢概况

二、氨基酸的脱氨基作用

脱氨基作用是指氨基酸在酶的催化下脱去氨基生成 α- 酮酸的过程，是体内氨基酸分解代谢的主要途径，它在体内多数组织中均可进行。脱氨基作用包括氧化脱氨基作用、转氨基作用、联合脱氨基作用和嘌呤核苷酸循环等方式，其中以联合脱氨基作用最重要。

考点　氨基酸脱氨基作用的方式

（一）氧化脱氨基作用

氧化脱氨基作用是指在酶的催化下氨基酸在氧化脱氢的同时脱去氨基的过程。体内催化氨基酸氧化脱氨的酶有多种，其中以 L- 谷氨酸脱氢酶最重要。此酶是以 NAD^+ 或 $NADP^+$ 为辅酶的不需氧脱氢酶，在肝、肾、脑等组织中广泛存在，酶活性高、特异性强，能催化谷氨酸脱氢生成亚谷氨酸，然后亚谷氨酸再自行水解生成 α- 酮戊二酸和氨，其反应为：

$$
\begin{array}{ccccc}
\text{COOH} & & \text{COOH} & & \text{COOH} \\
| & & | & & | \\
(\text{CH}_2)_2 & \xrightarrow{L\text{-谷氨酸脱氢酶}} & (\text{CH}_2)_2 & \xrightarrow{L\text{-谷氨酸脱氢酶}} & (\text{CH}_2)_2 \\
| & & \| & & \| \\
\text{CHNH}_2 & & \text{C}=\text{NH} & & \text{C}=\text{O} \\
| & \overset{NAD^+ \quad NADH+H^+}{} & | & \overset{H_2O \quad NH_3}{} & | \\
\text{COOH} & & \text{COOH} & & \text{COOH} \\
L\text{-谷氨酸} & & \text{亚谷氨酸} & & \alpha\text{-酮戊二酸}
\end{array}
$$

L- 谷氨酸脱氢酶催化的这个反应为可逆反应，其逆反应为还原加氨，在体内非必需氨基酸的合成过程中起着十分重要的作用。

（二）转氨基作用

转氨基作用是指 α- 氨基酸的氨基通过氨基转移酶即转氨酶的催化，可逆地转移至 α- 酮酸的酮基上，生成相应的新的 α- 氨基酸，而原来的 α- 氨基酸则转变成相应的新的 α- 酮酸的过程。其通式为：

$$
\begin{array}{ccccccc}
R_1 & & R_2 & & R_1 & & R_2 \\
| & & | & & | & & | \\
\text{H}-\text{C}-\text{NH}_2 & + & \text{C}=\text{O} & \xrightarrow{\text{氨基转移酶}} & \text{C}=\text{O} & + & \text{H}-\text{C}-\text{NH}_2 \\
| & & | & & | & & | \\
\text{COOH} & & \text{COOH} & & \text{COOH} & & \text{COOH}
\end{array}
$$

氨基转移酶所催化的反应是可逆的，但反应并没有使氨基真正脱下，只是促使了氨基的转移，而且 α-酮酸可通过此酶的作用接受氨基酸转来的氨基而合成相应的新的氨基酸，故这是体内合成非必需氨基酸的重要途径。体内氨基转移酶种类多、分布广，其中最为重要的是谷丙转氨酶（GPT，又称丙氨酸氨基转移酶，ALT），在肝细胞含量最高；心肌含量较高的是谷草转氨酶（GOT，又称天冬氨酸氨基转移酶，AST）。其反应分别为：

$$
\begin{array}{ccc}
\text{COOH} & \text{COOH} & \text{COOH} \\
| & | & | \\
(\text{CH}_2)_2 & \text{CH}_3 & (\text{CH}_2)_2 \quad \text{CH}_3 \\
| & | & | \quad\quad | \\
\text{CHNH}_2 + \text{C}{=}\text{O} \;\xrightleftharpoons{\text{GPT}}\; \text{C}{=}\text{O} + \text{CHNH}_2 \\
| & | & | \quad\quad | \\
\text{COOH} & \text{COOH} & \text{COOH} \quad \text{COOH}
\end{array}
$$

谷氨酸　　丙酮酸　　α-酮戊二酸　　丙氨酸

$$
\begin{array}{ccc}
\text{COOH} & \text{COOH} & \text{COOH} \quad \text{COOH} \\
| & | & | \quad\quad | \\
(\text{CH}_2)_2 & \text{CH}_2 & (\text{CH}_2)_2 \quad \text{CH}_2 \\
| & | & | \quad\quad | \\
\text{CHNH}_2 + \text{C}{=}\text{O} \;\xrightleftharpoons{\text{GOT}}\; \text{C}{=}\text{O} + \text{CHNH}_2 \\
| & | & | \quad\quad | \\
\text{COOH} & \text{COOH} & \text{COOH} \quad \text{COOH}
\end{array}
$$

谷氨酸　　草酰乙酸　　α-酮戊二酸　　天冬氨酸

氨基转移酶的辅酶是由维生素 B_6 组成的磷酸吡哆醛或磷酸吡哆胺，两者互变，起着传递氨基的作用。

ALT、AST 在体内分布广泛，但各组织中含量不同（表 8-1）。

表 8-1　正常成人各组织中 ALT 及 AST 活性					（单位：克湿组织）
组织	ALT	AST	组织	ALT	AST
心	7100	156 000	胰腺	2000	28 000
肝	44 000	142 000	脾	1200	14 000
骨骼肌	4800	99 000	肺	700	10 000
肾	19 000	91 000	血清	16	20

从表 8-1 中可知，氨基转移酶主要分布在细胞内，正常情况下血清中含量很低，当某种原因使细胞膜的通透性增高，或组织坏死、细胞破裂后，大量的氨基转移酶释放入血，导致血中氨基转移酶的活性明显升高。例如，急性肝炎患者的血清中 ALT 活性显著升高，心肌梗死患者血清中 AST 活性明显上升。因此，在临床上测定血清中的 ALT 或 AST 活性既有助于疾病的诊断，也可作为观察疗效和预后的指标之一。

考点 氨基转移酶的临床意义

（三）联合脱氨基作用

联合脱氨基作用是指转氨基作用与氧化脱氨基作用偶联进行，使氨基酸的 α-氨基脱下并产生游离氨的过程。联合脱氨基作用的全过程如图 8-2 所示。

经联合脱氨基作用，氨基酸脱去氨基生成 NH_3 和相应的 α-酮酸。由于 α-酮戊二酸参加的转氨基作用在体内普遍进行，L-谷氨酸脱氢酶在体内分布广泛，所以联合脱氨基作用在体内很容易进行，是氨基酸脱氨基的主要方式，尤以肝、肾等组织最为活跃。

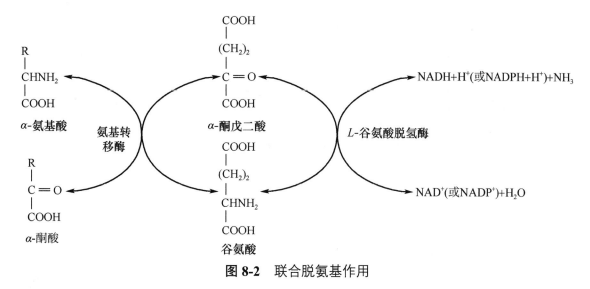

图 8-2 联合脱氨基作用

联合脱氨基反应的全过程是可逆的，其逆过程是体内合成非必需氨基酸的主要途径。由于联合脱（加）氨基反应中有 α- 酮酸的参加，所以联合脱氨基反应将体内的氨基酸代谢与糖代谢、脂类代谢紧密地联系在一起。

（四）嘌呤核苷酸循环

在骨骼肌和心肌组织中，由于 L- 谷氨酸脱氢酶的活性很低，氨基酸难以进行上述的联合脱氨基作用，而是通过另外一种联合方式——嘌呤核苷酸循环脱去氨基生成 NH_3（图 8-3）。

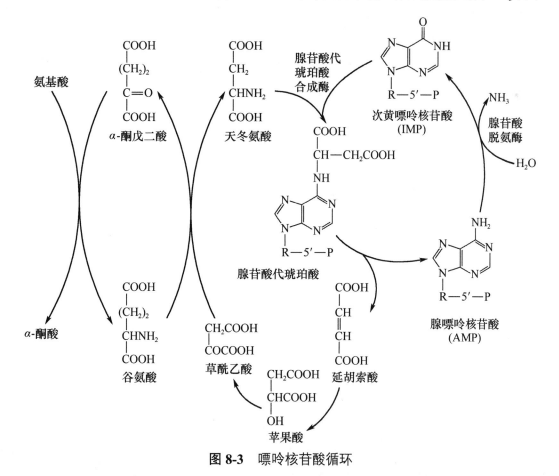

图 8-3 嘌呤核苷酸循环

嘌呤核苷酸循环过程是不可逆的，因而不能通过其逆过程合成非必需氨基酸。

氨基酸脱去氨基生成的 α-酮酸和 NH_3 分别进行下一步代谢。

三、氨 的 代 谢

氨（NH_3）是氨基酸在体内正常代谢的产物，同时也是一种有毒物质，可导致神经组织，特别是大脑的功能障碍。但正常情况下，机体不发生氨的堆积中毒，是因为氨在体内有一套较为完善的解毒机制，使血氨的来源和去路保持动态平衡，所以正常人的血氨浓度很低，一般不超过 $60\mu mol/L$。血氨的来源和去路如图 8-4 所示。

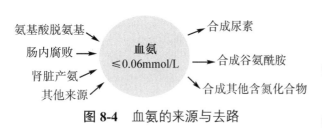

图 8-4　血氨的来源与去路

（一）氨的来源

1. 氨基酸脱氨基作用生成的氨　是体内氨的主要来源。

2. 肠道来源的氨　肠道每天可产生约 4g 氨，主要有两个来源。

（1）肠道内未被消化的蛋白质或未被吸收的氨基酸在肠道细菌的作用下，经腐败作用产生的氨。

（2）血中尿素扩散入肠道后在细菌脲酶作用下水解生成的氨。

NH_3 比 NH_4^+（铵盐）更易穿过肠黏膜细胞而被吸收。当肠道 pH 偏低时，肠道氨主要形式为 NH_4^+，易随粪便排出；当肠道 pH 偏高时，NH_4^+ 趋于转变为 NH_3，NH_3 的吸收增加。因此临床上对高血氨患者通常采用弱酸溶液做结肠透析，而禁止用碱性肥皂水灌肠，就是为了减少肠道氨的吸收。

3. 肾脏来源的氨　血液中的谷氨酰胺流经肾脏时，可被肾小管上皮细胞中的谷氨酰胺酶催化，水解生成谷氨酸和 NH_3。NH_3 被重吸收入血成为血氨，也可以被分泌到肾小管管腔中与 H^+ 结合成 NH_4^+，以铵盐形式随尿排出体外，同时参与体内酸碱平衡的调节。酸性尿有利于 NH_3 生成 NH_4^+，易于排出；相反碱性尿阻碍 NH_3 的排出，此时 NH_3 扩散入血，血氨浓度升高。故临床上对肝硬化腹水的患者不宜用碱性利尿药，就是为了防止血氨升高。

4. 其他来源　其他含氮物质如胺类、嘌呤、嘧啶等分解时亦可产生氨。

（二）氨的去路

1. 尿素的生成　正常情况下体内氨主要在肝脏内经鸟氨酸循环合成无毒的尿素，经肾脏排出。其过程可分为以下四步。

（1）氨基甲酰磷酸的合成　NH_3 与 CO_2 首先在肝细胞线粒体内，由氨基甲酰磷酸合成酶 I 催化，合成氨基甲酰磷酸。该酶的辅助因子为 Mg^{2+} 和 N-乙酰谷氨酸。此反应消耗 2 分子 ATP，是不可逆反应。

$$NH_3 + CO_2 + H_2O + 2ATP \xrightarrow[Mg^{2+}, N\text{-乙酰谷氨酸}]{\text{氨基甲酰磷酸合成酶 I}} H_2N{-}\overset{\overset{\displaystyle O}{\|}}{C}{-}O\sim PO_3H_2 + 2ADP + Pi$$

（2）瓜氨酸的合成　在线粒体中鸟氨酸氨基甲酰转移酶的催化下，氨基甲酰磷酸与鸟氨酸缩合生成瓜氨酸，此反应需要生物素参加。

（3）精氨酸的合成　进入细胞质的瓜氨酸与天冬氨酸在精氨酸代琥珀酸合成酶的催化下，由 ATP 供能，合成精氨酸代琥珀酸。后者再经精氨酸代琥珀酸裂解酶催化，分解为精氨酸和延胡索酸。

（4）精氨酸水解及尿素的生成　在细胞质中，精氨酸在精氨酸酶催化下，水解生成尿素和鸟氨酸。生成的鸟氨酸再进入线粒体，重复上述反应，构成鸟氨酸循环。

尿素生成的总反应式如下：

$$2NH_3 + CO_2 + 3ATP + 3H_2O \longrightarrow CO(NH_2)_2 + 2ADP + AMP + 4H_3PO_4 + 4Pi$$

鸟氨酸循环总过程如图 8-5 所示。

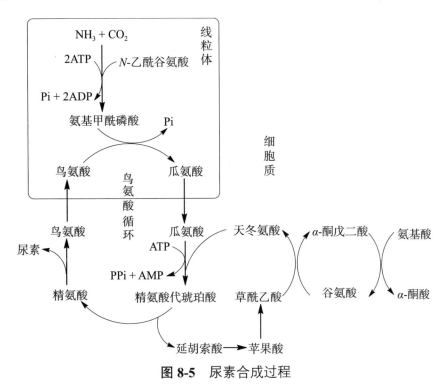

图 8-5　尿素合成过程

从图 8-5 中可知，尿素合成是在肝细胞的线粒体和细胞质两个部位进行。尿素分子中的两个氮原子，一个来自氨基酸的脱氨基作用生成的 NH_3，另一个由天冬氨酸提供，而天冬氨酸又是由其他氨基酸转变而来，因此尿素分子中的两个氮原子相当于来自两个氨基酸分子脱下的 NH_3。尿素合成是一个耗能的过程，通过一次鸟氨酸循环，2 分子 NH_3 与 1 分子 CO_2 结合生成 1 分子尿素，同时消耗 3 分子 ATP（4 个高能磷酸键）。

精氨酸代琥珀酸合成酶是尿素合成的限速酶。增加体内精氨酸的量可间接影响该酶的活性，使尿素合成增多，血氨浓度降低。因此临床上可利用精氨酸来治疗高氨血症。

尿素合成具有重要的生理意义。机体正常代谢产生的氨是一种有毒物质，它的主要去路是在肝脏合成无毒的尿素，经血液运输至肾，再随尿液排出体外。所以在肝脏合成尿素是机体解除氨毒的主要方式。

考点　尿素合成的部位、意义

2. 谷氨酰胺的合成　在脑、肌肉等组织中，由 ATP 提供能量，经谷氨酰胺合成酶催化，有毒的氨与谷氨酸合成无毒的谷氨酰胺，由血液输送到肝或肾，再经谷氨酰胺酶水解为谷氨酸和氨。氨在肝脏合成尿素，在肾脏以铵盐形式随尿排出体外。所以谷氨酰胺的生成不仅参与蛋白质的生物合成，而且也是体内储氨、运氨及解氨毒的一种重要方式。脑组织对氨的毒性极为敏感，谷氨酰胺在脑中固定和转运氨的过程中起着重要作用。故临床上肝性脑病患者可服用或输入谷氨酸盐以降低血氨的浓度。

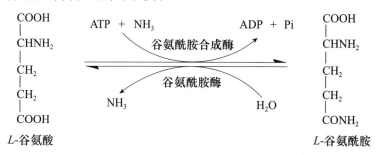

3. 其他代谢途径　氨在体内可合成非必需氨基酸，氨还可作为一种氮源参与嘌呤、嘧啶等含氮化合物的合成。

考点 *血氨的来源和去路*

（三）高血氨和氨中毒

正常情况下，血氨的来源与去路保持动态平衡，血氨浓度处于较低水平。氨在肝脏中合成尿素是维持这个平衡的关键。当肝功能严重受损时，尿素合成受阻，血氨浓度升高，称为高氨血症。

高氨血症时，氨可经过血脑屏障进入大脑，与脑细胞中的 α-酮戊二酸结合，生成谷氨酸及谷氨酰胺以缓解氨毒性。但上述过程会导致大脑中的 α-酮戊二酸减少，三羧酸循环减弱，从而使脑组织中的 ATP 生成减少，大脑能量供给不足，引起脑功能障碍，严重时发生昏迷，称为肝性脑病，严重时甚至可致肝昏迷，这是肝性脑病氨中毒学说的基础。

四、α-酮酸代谢

氨基酸经脱氨基作用后生成的另外一种产物 α-酮酸，有以下三条代谢途径。

1. 再合成非必需氨基酸　α-酮酸经转氨基作用或联合脱氨基作用的逆反应重新合成相应的非必需氨基酸。

2. 转变成糖或脂肪　体内多数氨基酸脱去氨基后生成的 α-酮酸经糖异生作用转变为糖，这些氨基酸称为生糖氨基酸。一些氨基酸如赖氨酸、亮氨酸可转变为酮体，称为生酮氨基酸。生酮氨基酸经脂肪酸合成途径可转变为脂肪酸。还有一些氨基酸如苯丙氨酸、色氨酸、酪氨酸、异亮氨酸、苏氨酸，既可转变为糖也能生成酮体，称为生糖兼生酮氨基酸。

3. 氧化供能　α-酮酸在体内可通过三羧酸循环与氧化磷酸化彻底氧化成 H_2O 和 CO_2，同时释放能量供机体生理活动需要。

第 3 节　个别氨基酸的代谢

一、氨基酸的脱羧基作用

某些氨基酸在脱羧酶催化下进行脱羧基作用，生成相应的胺。脱羧酶的特异性很强，大多数以磷酸吡哆醛为辅酶。

$$R - CH - COOH \xrightarrow[\text{磷酸吡哆醛}]{\text{脱羧酶}} R - CH_2NH_2 + CO_2$$

| |
| NH₂

氨基酸　　　　　　　　　　　　　胺

胺在生理浓度时，常具有重要的生理功能，若在体内蓄积，则会引起神经、心血管系统功能紊乱。在胺氧化酶作用下，胺氧化为醛、NH_3 和 H_2O_2，醛可进一步氧化成酸，酸再氧化为 H_2O 和 CO_2，经肾随尿排出体外，从而避免胺在体内的蓄积。下面列举几种氨基酸脱羧产生的重要胺类物质。

（一）γ- 氨基丁酸

γ- 氨基丁酸（GABA）是谷氨酸在谷氨酸脱羧酶作用下经脱羧基作用生成的。GABA 在脑中含量较高，是一种仅见于中枢神经系统的抑制性神经递质，对中枢神经有普遍性抑制作用。临床上使用维生素 B_6 治疗妊娠呕吐、小儿惊厥及抗结核药物异烟肼所引起的脑兴奋副作用等，都是基于维生素 B_6 能增强脑内谷氨酸脱羧酶辅酶合成，促进 GABA 生成，从而起到抑制作用。

COOH　　　　　　　　　　　　　　COOH
|　　　　　　　　　　　　　　　　|
(CH₂)₂　$\xrightarrow{\textit{L}-谷氨酸脱羧酶}$　(CH₂)₂
|　　　　　　↓CO_2　　　　　　|
CHNH₂　　　　　　　　　　　　CH₂NH₂
|
COOH

L-谷氨酸　　　　　　　　　γ-氨基丁酸

（二）组胺

组氨酸可脱去羧基生成组胺。组胺在乳腺、肺、肝、肌肉及胃黏膜中含量较高，主要在肥大细胞中产生并储存。

组胺是一种强烈的血管舒张剂，能使毛细血管舒张，通透性增加，引起血压下降和局部水肿。创伤性休克、炎症、过敏反应等都与组胺的释放密切相关。组胺还可刺激胃蛋白酶和胃酸的分泌，所以常用于胃分泌功能的研究。

（三）5- 羟色胺

在脑中色氨酸羟化酶的催化下，色氨酸羟化生成 5- 羟色氨酸，再经脱羧酶作用生成 5- 羟色胺。

5- 羟色胺广泛分布于神经组织、胃肠、血小板、乳腺细胞中，尤其脑组织中含量较高。脑内 5- 羟色胺为抑制性神经递质，与睡眠、疼痛和体温调节有关。在外周组织的 5- 羟色胺有强烈收缩血管和升高血压的作用。

二、一碳单位的代谢

（一）一碳单位及其种类

某些氨基酸在体内分解代谢的过程中产生的含有一个碳原子的基团，称为一碳单位或一碳基团，如甲基（—CH₃）、亚甲基或甲烯基（—CH₂—）、次甲基或甲炔基（—CH＝）、甲酰基（—CHO）及亚氨甲基（—CH＝NH）等。但—COOH、HCO_3^-、CO、CO_2 不属于一碳单位。

（二）一碳单位的载体

一碳单位不能游离存在，通常与四氢叶酸（FH_4）结合而转运或参加生物代谢，FH_4是一碳单位的载体。

$$叶酸 \xrightarrow[\text{NADPH+H}^+ \quad \text{NADP}^+]{\text{二氢叶酸还原酶}} 二氢叶酸 \xrightarrow[\text{NADPH+H}^+ \quad \text{NADP}^+]{\text{二氢叶酸还原酶}} 四氢叶酸$$

（三）一碳单位的来源

一碳单位主要来自丝氨酸、甘氨酸、组氨酸和色氨酸的分解代谢，其中丝氨酸是主要来源。来自不同氨基酸的一碳单位与FH_4结合，在酶催化下通过氧化、还原等反应，可以互相转变。

（四）一碳单位代谢的生理意义

一碳单位代谢与氨基酸、核酸代谢密切相关，因而对机体生命活动具有重要意义。

1. 一碳单位是合成嘌呤和嘧啶的原料，在核酸生物合成中有重要作用。例如，N^5，N^{10}—CH_2—FH_4直接提供甲基用于脱氧核苷酸 dUMP 向 dTMP 的转化。N^{10}—CHO—FH_4 和 N^5，N^{10}=CH—FH_4 分别参与嘌呤碱中 C_2 和 C_8 原子的生成，所以一碳单位的代谢与细胞的增殖、组织生长和机体发育等重要过程密切相关。

2. 直接参与 S-腺苷甲硫氨酸（SAM）的合成，为体内许多重要生理活性物质的合成提供甲基。体内约有 50 多种物质的合成需要 SAM 提供活性甲基，如 DNA、RNA，蛋白质甲基化，肾上腺素、胆碱、肌酸等。

3. 联系氨基酸代谢、核酸代谢及其他重要物质的生物合成代谢。一碳单位的代谢障碍可造成某些病理情况，如巨幼细胞贫血等；而磺胺类药物及某些抗癌药物（甲氨蝶呤等）也正是通过干扰细菌及肿瘤细胞的叶酸、FH_4 合成，进而影响一碳单位的代谢与核酸合成而发挥药理作用的。

考点 一碳单位的概念、载体、生理功能

三、含硫氨基酸的代谢

含硫氨基酸包括甲硫氨酸、半胱氨酸和胱氨酸。这三种氨基酸的代谢是相互联系的，甲硫氨酸可转变为半胱氨酸和胱氨酸，半胱氨酸与胱氨酸可以相互转变。

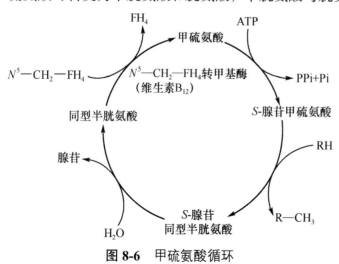

图 8-6　甲硫氨酸循环

甲硫氨酸通过甲硫氨酸循环（图 8-6），在腺苷转移酶的催化下与 ATP 反应，生成 S-腺苷甲硫氨酸（SAM）。S-腺苷甲硫氨酸也称为活性甲硫氨酸，是体内最主要的甲基供体，为体内多种重要生理活性物质的合成提供甲基，如肾上腺素、肌酸、肉碱等。

在甲硫氨酸循环中，催化甲硫氨酸合成的酶是 N^5—CH_2—FH_4 转甲基酶，其辅酶是维生素 B_{12}。当维生素 B_{12} 缺

乏时，不仅影响甲硫氨酸的合成，而且由于 N^5—CH_2—FH_4 不能转变为 FH_4 重新参与一碳单位代谢，使 FH_4 的利用率降低，导致核酸合成障碍，细胞分裂受阻，引起巨幼细胞贫血。体内 FH_4 由叶酸转变而来，叶酸的缺乏也会引起巨幼细胞贫血。

半胱氨酸可转变生成牛磺酸，牛磺酸是胆汁中结合型胆汁酸的成分。含硫氨基酸经分解代谢可生成硫酸根，主要来源是半胱氨酸。部分硫酸根以硫酸盐形式从尿中排出，另一部分硫酸根可转变成活性硫酸根，即 3′- 磷酸腺苷 -5′- 磷酸硫酸（PAPS），PAPS 性质活泼，在肝脏的生物转化中具有重要作用。

四、芳香族氨基酸代谢

苯丙氨酸是必需氨基酸，在苯丙氨酸羟化酶的催化下生成酪氨酸，这是苯丙氨酸在体内的主要代谢途径。正常情况下，极少量的苯丙氨酸可经氨基转移酶催化，生成苯丙酮酸随尿排出。当苯丙氨酸羟化酶先天性缺陷时，苯丙氨酸转变成酪氨酸的代谢途径受阻，而大量转变成苯丙酮酸，使血液中苯丙酮酸浓度升高，称苯丙酮尿症（PKU）。苯丙酮酸的堆积对中枢神经系统有毒性作用，导致患儿的智力发育障碍。苯丙酮尿症患儿进食低苯丙氨酸膳食可减轻此病伴有的神经发育迟缓。

酪氨酸可在肾上腺髓质和神经组织中转变成儿茶酚胺类激素——肾上腺素、去甲肾上腺素和多巴胺，均为神经递质，参与代谢的调节和肾上腺素能神经活动。酪氨酸在皮肤、毛发和眼球等组织中，经酪氨酸酶催化生成多巴，多巴氧化生成黑色素。白化病患者由于先天性缺乏酪氨酸酶，导致黑色素合成障碍，故皮肤、毛发等皆呈白色。酪氨酸在甲状腺内经碘化生成甲状腺素。

苯丙氨酸和酪氨酸的代谢见图 8-7。

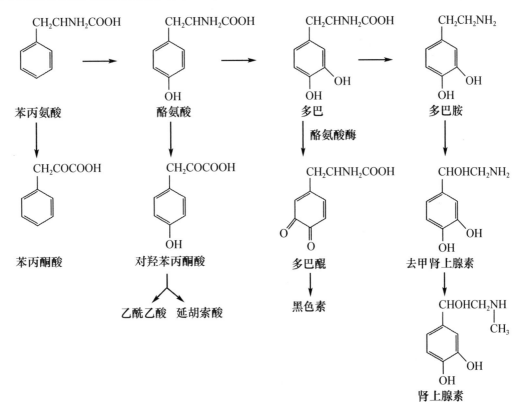

图 8-7　苯丙氨酸与酪氨酸的代谢及其重要衍生物

白　化　病

　　白化病是由于酪氨酸酶缺乏或功能减退而引起的一种黑色素缺乏或合成障碍所导致的遗传性疾病。患者视网膜缺乏黑色素，虹膜和瞳孔呈现淡粉或淡灰色，畏光。皮肤、眉毛、头发及其他体毛都呈白色或黄白色。白化病属于家族遗传性疾病，为常染色体隐性遗传，常发生于近亲结婚的人群中，禁止近亲结婚为重要的预防措施。

考点 酶的缺乏症

第4节　糖、脂类和蛋白质代谢的联系

　　体内糖、脂类、蛋白质代谢不是彼此独立，而是通过共同的代谢中间产物相互联系和转化的。

一、糖与脂类代谢间的联系

　　糖可以转化为脂肪。糖分解所产生的磷酸二羟丙酮还原后形成α-磷酸甘油，丙酮酸氧化脱羧生成的乙酰辅酶A是脂肪酸合成的原料，而α-磷酸甘油和脂酰CoA是合成脂肪的原料。

　　脂肪分解产生甘油和脂肪酸，甘油经磷酸化作用转变成磷酸二羟丙酮，再异构化变成3-磷酸甘油醛，后者沿糖酵解逆反应生成糖；脂肪酸氧化产生的乙酰辅酶A不能在体内转化为丙酮酸，因此不能异生成糖。

二、糖与氨基酸代谢间的联系

　　糖可以转化为非必需氨基酸。糖分解代谢产生的丙酮酸、α-酮戊二酸、草酰乙酸、磷酸烯醇式丙酮酸等是合成氨基酸的碳架。

　　除生酮氨基酸外，还有生糖氨基酸。氨基酸经脱氨后生成的α-酮酸，可经糖异生作用生成糖。

三、脂类与氨基酸代谢间的联系

　　脂肪可以转化为非必需氨基酸。脂肪分解产生的甘油可进一步转变成丙酮酸、α-酮戊二酸、草酰乙酸等，再经过转氨基作用生成氨基酸。脂肪酸氧化产生的乙酰辅酶A与草酰乙酸缩合进入三羧酸循环，能产生谷氨酸族和天冬氨酸族氨基酸。

　　氨基酸可以转化为脂肪。生糖氨基酸通过丙酮酸转变成甘油，也可以氧化脱羧后转变成乙酰辅酶A，用于脂肪酸合成。生酮氨基酸在代谢反应中能生成乙酰乙酸，由乙酰乙酸缩合成脂肪酸。丝氨酸脱羧后形成胆氨，胆氨甲基化后变成胆碱，后者是合成磷脂的组成成分。糖、脂类、蛋白质代谢的相互联系如图8-8所示。

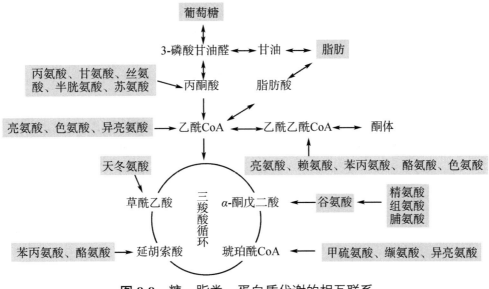

图 8-8　糖、脂类、蛋白质代谢的相互联系

自 测 题

一、名词解释

1. 氮平衡　2. 营养必需氨基酸

3. 蛋白质互补作用　4. 一碳单位

二、填空题

1. 脱氨基作用是体内氨基酸分解代谢的主要途径，包括_____、_____、_____和_____等方式，其中以_____最重要。

2. 正常情况下体内氨主要在_____内合成无毒的_____，经肾脏排出体外。

3. 在脑、肌肉等组织中，有毒的氨与谷氨酸合成无毒的_____，是体内储氨、运氨及解氨毒的一种重要方式。

三、单选题

1. 生长期的儿童、青少年，孕妇和恢复期患者体内经常发生（　　）

　A. 总氮平衡　　　　　B. 正氮平衡

　C. 负氮平衡　　　　　D. 以上都是

　E. 以上都不是

2. 以下属于必需氨基酸的是（　　）

　A. 丙氨酸　　　　　　B. 谷氨酸

　C. 赖氨酸　　　　　　D. 天冬氨酸

　E. 精氨酸

3. 能直接进行氧化脱氨基作用的氨基酸是（　　）

　A. 甲硫氨酸　　　　　B. 谷氨酸

　C. 丙氨酸　　　　　　D. 天冬氨酸

　E. 精氨酸

4. 氨基转移酶的辅酶组分含有（　　）

　A. 维生素 B₁　　　　 B. 维生素 B₂

　C. 维生素 B₆　　　　 D. 烟酸

　E. 叶酸

5. 急性肝炎患者的血清中活性显著升高的氨基转移酶是（　　）

　A. ALT　　　　　　　B. AST

　C. ATP　　　　　　　D. ALP

　E. 以上都不是

6. 在骨骼肌和心肌组织中，氨基酸的脱氨基作用方式是（　　）

　A. 氧化脱氨基作用　B. 转氨基作用

　C. 联合脱氨基作用　D. 嘌呤核苷酸循环

　E. 以上都不是

7. 缺乏下列哪种维生素可产生巨幼细胞贫血（　　）

A. 维生素 B_1 B. 维生素 B_2

C. 维生素 B_6 D. 维生素 B_{12}

E. 生物素

8. 一碳单位不能游离存在，它的载体是（   ）

A. 叶酸   B. 四氢叶酸

C. 维生素 B_6 D. S- 腺苷甲硫氨酸

E. 生物素

9. 先天性缺陷时可导致白化病的是（   ）

A. 谷氨酸脱氢酶   B. 酪氨酸酶

C. 谷氨酰胺合成酶   D. 谷丙转氨酶

E. 谷草转氨酶

四、简答题

1. 简述血氨的来源与去路。

2. 简述尿素合成的生理意义。

3. 简述肝性脑病的生化机制。

（朱荣富）

第**9**章
核苷酸代谢和遗传信息的传递

第1节 核苷酸代谢

案例9-1

患者，男，50岁，因频繁饮酒，工作劳累，时感手指、足趾肿痛。前天右手指关节及左足蹬趾内侧肿痛严重，于夜间疼痛剧烈前来就诊。查体：右手示指中指肿痛破溃，血尿酸检查918μmol/L。诊断为痛风。

问题： 该患者痛风的原因是什么？

一、核苷酸的合成代谢

各种核苷酸主要由机体细胞自身合成，所以食物中的核苷酸不是人体健康所必需的营养物质。核苷酸的合成包括从头合成途径和补救合成途径，以从头合成途径为主。

（一）从头合成途径

从头合成途径是指以氨基酸、一碳单位、磷酸核糖和二氧化碳等小分子物质为原料，经过一系列酶促反应合成核苷酸的过程。此过程是体内核苷酸的主要来源，合成部位主要在肝脏，其次为小肠黏膜和胸腺。

嘌呤核苷酸从头合成的原料主要包括谷氨酰胺、天冬氨酸、甘氨酸、一碳单位、二氧化碳和5-磷酸核糖（图9-1）；嘧啶核苷酸从头合成的原料主要包括谷氨酰胺、天冬氨酸、二氧化碳和5-磷酸核糖（图9-2）。

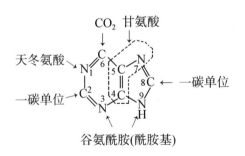

图9-1 嘌呤碱的各元素来源

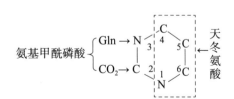

图9-2 嘧啶碱的各元素来源

（二）补救合成途径

补救合成途径是指细胞利用现成的嘌呤碱、嘧啶碱或嘌呤核苷、嘧啶核苷重新合成核苷酸的过程。虽然补救合成不是体内合成核苷酸的主要方式，但也有重要的生理意义：一方面补救合成可以节约从头合成时能量和一些氨基酸的消耗；另一方面，由于脑、骨髓等组织缺乏从头合成核苷酸的酶系统，只能进行核苷酸的补救合成，故补救合成途径对于这些组织细胞非常重要。

（三）核苷酸的抗代谢物

核苷酸的抗代谢物一般是一些嘌呤、嘧啶、氨基酸、叶酸的类似物，通过竞争性抑制的原理，直接或间接干扰核苷酸的从头合成或补救合成，在临床上多用于抗肿瘤，一般分为三种。①嘌呤、嘧啶类似物：如 6-巯基嘌呤、5-氟尿嘧啶等；②谷氨酰胺类似物：如氮杂丝氨酸等；③叶酸类似物：如氨蝶呤、甲氨蝶呤等，此类物质一般通过抑制四氢叶酸生成，导致一碳单位代谢受阻，从而阻断核苷酸合成。

二、核苷酸的分解代谢

（一）嘌呤核苷酸的分解代谢

嘌呤核苷酸主要在肝、小肠及肾中分解。其中嘌呤碱最终氧化成尿酸，经肾随尿排出体外。血尿酸浓度过高时，会引起痛风。尿酸溶解度较低，当血尿酸高于 0.48mmol/L 时，尿酸盐结晶可沉积于软骨、关节等处，形成痛风性关节炎，患者出现局部红、肿、热、痛症状，急性发作时疼痛感更为剧烈，并且有日轻夜重和转移性疼痛的特点，称痛风。尿酸盐结晶也可在肾脏中沉积形成肾结石。痛风多发于男性及绝经期妇女，男女比例约为 20：1。临床上常用别嘌醇治疗痛风。其原理是别嘌醇可竞争性抑制嘌呤分解代谢过程中的黄嘌呤氧化酶，从而抑制尿酸生成（图 9-3）。

图 9-3 嘌呤核苷酸分解过程代谢

（二）嘧啶核苷酸的分解代谢

嘧啶核苷酸主要在肝中分解。其中胞嘧啶、尿嘧啶分解生成 NH_3、CO_2 及 β-丙氨酸；胸腺嘧啶分解成 NH_3、CO_2 及 β-氨基异丁酸。嘧啶碱的分解产物易溶于水，可直接随尿排出，也可进一步分解。

考点 嘌呤代谢的终产物，痛风症

第 2 节　DNA 的生物合成

DNA 是遗传的物质基础，基因是有特定遗传信息的 DNA 片段。细胞分裂前，DNA 分子必须进行自我复制，将遗传信息准确地传递到子代 DNA 分子中。另一方面，DNA 还决定着细胞的蛋白质合成，从而进一步影响机体的各种生命活动。但是，DNA 本身并不能直接指导蛋白质的合成，而是首先以 DNA 为模板，合成相应的 RNA 分子，将遗传信息转录到 mRNA 分子上，再以 mRNA 为模板，按照其碱基排列顺序所组成的密码，决定蛋白质的合成。遗传信息传递方向（包括由 DNA 到 DNA 的复制、由 DNA 到 RNA 的转录和由 RNA 到蛋白质的翻译等）的这种规律称为中心法则。使基因所携带的遗传信息表现为表型的过程称为基

因表达（图9-4）。20世纪70年代反转录酶的
发现，表明还有由RNA反转录形成DNA的机
制，这是对中心法则的补充和丰富。

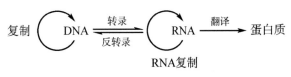

图 9-4　遗传信息传递的中心法则

　　从中心法则可知，遗传信息的传递包括：
以DNA为模板，合成DNA的过程——复制；以DNA为模板，合成RNA的过程——转录；
以RNA为模板，合成蛋白质的过程——翻译；以RNA为模板，合成RNA的过程——RNA
的自我复制；以RNA为模板，合成DNA的过程——反转录。其中，复制是合成DNA的主
要方式，转录是合成RNA的主要方式。

一、DNA 的复制

（一）半保留复制

　　DNA复制最重要的特征是半保留复制，以亲代DNA分子的两条链解开，每条链作为新
链的模板，通过碱基互补配对合成两个子代DNA分子，在新合成的子代DNA分子中，一
条链来自亲代，另一条链则是重新合成的，这种复制方式称为半保留复制（图9-5）。

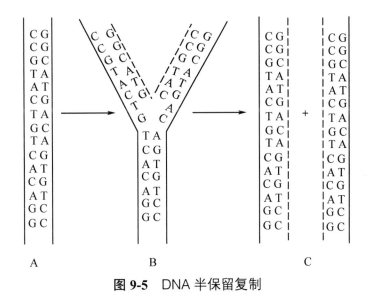

图 9-5　DNA 半保留复制

A. 亲代DNA分子；B. 亲代DNA分子两条链解开，两条链作为模板合成两个子代DNA分子；C. 新合成的子代DNA分子

（二）DNA 复制体系

1. 模板　亲代DNA分子。

2. 原料　四种脱氧核苷三磷酸，即dATP、dCTP、dGTP和dTTP。

3. 引物　为小片段RNA，由RNA引物酶催化合成。其3'-OH端为脱氧核苷三磷酸的加
入位点。

4. 酶及蛋白因子　主要包括解旋酶、拓扑异构酶、单链DNA结合蛋白、引物酶、DNA
聚合酶和DNA连接酶等。

（1）解旋酶　利用ATP提供能量，将DNA双螺旋间的氢键解开，使DNA局部形成两
条单链。

（2）拓扑异构酶　切断一股或两股解开的DNA单链，使其回旋时不会扭结；将其再连

接起来，形成松散的单链。

（3）单链DNA结合蛋白　结合在解开的DNA单链上，避免重新形成双螺旋，使其保持稳定的单链状态；并保护DNA链免受核酸酶的降解，以保持模板链的完整。

（4）引物酶　也称RNA聚合酶。在复制起始部位由模板指导其催化合成一段RNA片段。为DNA合成提供加入位点。

（5）DNA聚合酶　又称DNA指导的DNA聚合酶（DDDP），能催化4种dNTP按照模板链的指导聚合形成DNA链。

（6）DNA连接酶　催化相邻的DNA片段连接成完整的DNA链。

（三）复制的基本过程

复制过程包括起始、延长、终止三个基本阶段（图9-6）。

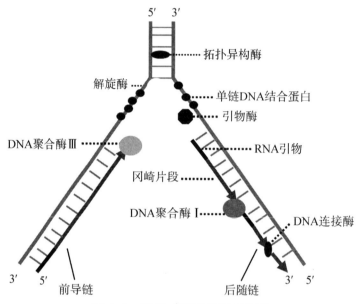

图9-6　DNA复制过程示意图

1. 起始阶段　DNA复制从特定的起始部位开始，解旋酶和拓扑异构酶作用在DNA的复制起始部位，解开DNA超螺旋结构，使DNA双链解开一段成为叉形结构，称复制叉；单链DNA结合蛋白与该处的DNA单链结合，使之保持稳定的DNA单链模板状态。引物酶辨认模板链起始点，以解开的DNA链为模板，按照碱基配对原则，从 $5' \rightarrow 3'$ 催化合成RNA片段，即RNA引物。DNA聚合酶加入到引物的 $3'$ 端，形成完整的复制叉结构，起始阶段完成。

2. 延长阶段　在DNA聚合酶的作用下，按照碱基配对原则，以4种dNTP为原料进行合成反应。其实质是 $3', 5'$-磷酸二酯键的不断生成，新链DNA延长的方向是 $5' \rightarrow 3'$。随着复制的进行，复制叉向前移动，亲代DNA继续解链，子链则不断延长，形成边解链边复制的过程。由于两条模板链的方向相反，而子链只能按 $5' \rightarrow 3'$ 方向合成，故在DNA复制时，只有合成方向与解链方向相同的子链能够连续合成，称为前导链（或领头链）；另一条合成方向与解链方向相反的子链必须待模板链解开足够长度，才能再次合成引物及延长，其合成是不连续的，故称为后随链（或随从链）。后随链上不连续合成的DNA片段称为冈崎片段。

当后一冈崎片段延长至前一冈崎片段的引物处时，引物脱落形成空缺，后一冈崎片段继续延长填补空缺，最后由 DNA 连接酶催化相邻的冈崎片段连接成完整的子链。

3. 终止阶段 当复制进行到模板链上出现复制终止序列时，多种参与复制终止的蛋白质因子进入复制体系，使每条子链分别与其模板链形成双螺旋结构，形成两个与亲代 DNA 碱基组成完全相同的子代 DNA 分子，整个复制过程结束。

二、反 转 录

某些病毒（主要为 RNA 病毒）以单链 RNA 为模板，合成 DNA，此过程称为反转录（又称为逆转录），催化此反应的酶称为反转录酶（逆转录酶），又称为依赖 RNA 的 DNA 聚合酶。

反转录过程包括三步：首先，以 RNA 为模板合成与其互补的 DNA 链，形成 RNA-DNA 杂化双链；其次，杂化双链上的 RNA 被水解，形成 DNA 单链；最后，以新合成的 DNA 单链为模板，合成另一条与其互补的 DNA 链，形成双链 DNA 分子（图 9-7）。

反转录的发现，使中心法则得到补充，拓宽了 RNA 病毒致癌、致病的研究。同时，在实际工作中，可以利用反转录酶合成单链 DNA，有助于基因工程的实施。

考点 半保留复制的概念

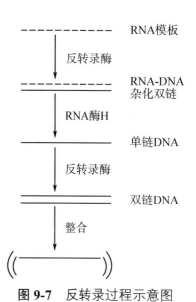

图 9-7 反转录过程示意图

第 3 节 RNA 的生物合成

生物体以 DNA 为模板合成 RNA 的过程称为转录。此过程将 DNA 携带的遗传信息传递给 RNA，是基因表达的重要过程。

一、转录的条件

1. 模板 转录需以单链 DNA 为模板。结构基因的 DNA 双链中，只有一条链可以作为模板，通常将这条能指导转录的链称为编码链，又称有意义链；与其互补的另一条 DNA 链则称为模板链，又称反义链、非编码链。转录的这种特点称为不对称转录，其中包含两个方面的意思：①在同一基因区段内，DNA 只有一条链可以作为转录的模板；②模板链并非永远在同一条链上（图 9-8）。

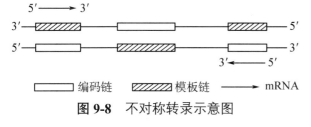

图 9-8 不对称转录示意图

2. 底物 转录以 4 种三磷酸核苷为原料，即 ATP、GTP、CTP、UTP，简称 NTP。

3. RNA 聚合酶 又称 DNA 指导的 RNA 聚合酶。原核生物中，RNA 聚合酶含有 5 个亚基（ααββ′σ），称为全酶。其中，σ 因子能辨认转录起始点，故又称为起始因子。脱去 σ 因子的四聚体（ααββ′）称为核心酶，能催化 4 种 NTP 在模板链的指导下聚合形成 RNA 链。

二、转录的过程

转录也可分为起始、延伸、终止三个阶段，以下仅介绍原核生物转录的过程（图 9-9）。

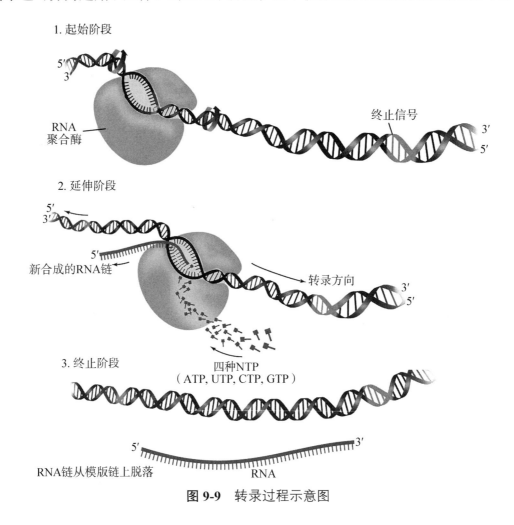

图 9-9 转录过程示意图

1. 起始阶段　首先由 RNA 聚合酶的 σ 因子辨认 DNA 的启动子，并带动 RNA 聚合酶的全酶与启动子结合形成起始复合物，同时使 DNA 分子构象改变，解开一段 DNA 双链。此时，σ 因子从起始复合物上脱离，转录进入延长阶段。

2. 延伸阶段　RNA 链的延伸由核心酶催化。σ 因子释放后，核心酶沿着 DNA 模板链 $3' \rightarrow 5'$ 方向滑动，按照碱基互补配对原则，以四种 NTP 为原料，按 $5' \rightarrow 3'$ 方向进行 RNA 链的合成，使 RNA 链不断延伸。合成的 RNA 暂时与 DNA 模板形成 DNA-RNA 杂交双链，但此杂交双链不如 DNA 双链相互结合那样稳定，因此，分开的 DNA 双链趋于重新组合成原来的双螺旋模式，并使新合成的 RNA 链从 $5'$ 端开始逐步从 DNA 模板上游离出来。

3. 终止阶段　当核心酶滑动到模板链的终止序列时，ρ 因子（终止因子）识别终止信号并与模板结合，阻止核心酶滑动。核心酶和新合成的 RNA 链从模板链上脱落，转录过程结束。脱落的核心酶与 σ 因子结合形成全酶，进行下次转录。

三、转录后的加工

真核生物转录的产物没有生物学活性，称为 RNA 前体。此前体必须经过特定的加工成熟过程，才能成为有活性的 RNA，此加工成熟过程称为转录后加工（或称转录后修饰）。三类 RNA 都需要经过一定的剪接和修饰过程：信使 RNA（mRNA）要经过特殊的 5′ 端加帽、3′ 端加多聚 A 尾，转运 RNA（tRNA）要进行大量的化学修饰形成稀有碱基，核糖体 RNA（rRNA）则必须经过降解后与相关蛋白组合形成大、小亚基。

考点 *转录的概念*

第 4 节　蛋白质的生物合成

蛋白质生物合成也称为翻译，是以 mRNA 为模板合成蛋白质的过程。

一、蛋白质生物合成体系

（一）合成原料

蛋白质合成的基本原料是 20 种编码氨基酸。此外，合成过程中还需要 ATP 和 GTP 提供能量以及需要 Mg^{2+} 和 K^+ 参与。

（二）酶及蛋白因子

参与蛋白质合成的重要酶类有：①氨酰 tRNA 合成酶：催化氨基酸和 tRNA 生成氨酰 tRNA。②转肽酶：催化核糖体 P 位上的肽酰基转移至 A 位氨酰 tRNA 氨基上，酰基和氨基形成酰胺键。③转位酶：催化核糖体向 mRNA 的 3′ 端移动一个密码子，使下一个密码子定位于 A 位。

参与蛋白质合成的蛋白因子主要有起始因子（IF）、延伸因子（EF）、终止因子或释放因子（RF）。

（三）mRNA——蛋白质生物合成的直接模板

mRNA 分子中从 5′→3′ 方向，每 3 个相邻的核苷酸为一组，形成三联体，在蛋白质生物合成时代表一种氨基酸或其他信息，称为遗传密码或密码子。mRNA 以三联体遗传密码的方式，决定了蛋白质分子中氨基酸的排列顺序。生物体内共有 64 组密码，其中 61 组分别代表了蛋白质分子中的 20 种编码氨基酸。AUG 除代表甲硫氨酸外，还可作为多肽链合成的起始信号，称为起始密码子。UAG、UAA、UGA 则代表多肽链合成的终止信号，称为终止密码子（表 9-1）。

表 9-1　遗传密码表

第一个核苷酸（5′ 端）	第二个核苷酸				第三个核苷酸（3′ 端）
	U	C	A	G	
U	UUU 苯丙氨酸	UCU 丝氨酸	UAU 酪氨酸	UGU 半胱氨酸	U
	UUC 苯丙氨酸	UCC 丝氨酸	UAC 酪氨酸	UGC 半胱氨酸	C
	UUA 亮氨酸	UCA 丝氨酸	UAA 终止密码子	UGA 终止密码子	A
	UUG 亮氨酸	UCG 丝氨酸	UAG 终止密码子	UGG 色氨酸	G

续表

第一个核苷酸（5′端）	第二个核苷酸				第三个核苷酸（3′端）
	U	C	A	G	
C	CUU 亮氨酸	CCU 脯氨酸	CAU 组氨酸	CGU 精氨酸	U
	CUC 亮氨酸	CCC 脯氨酸	CAC 组氨酸	CGC 精氨酸	C
	CUA 亮氨酸	CCA 脯氨酸	CAA 谷氨酰胺	CGA 精氨酸	A
	CUG 亮氨酸	CCG 脯氨酸	CAG 谷氨酰胺	CGG 精氨酸	G
A	AUU 异亮氨酸	ACU 苏氨酸	AAU 天冬酰胺	AGU 丝氨酸	U
	AUC 异亮氨酸	ACC 苏氨酸	AAC 天冬酰胺	AGC 丝氨酸	C
	AUA 异亮氨酸	ACA 苏氨酸	AAA 赖氨酸	AGA 精氨酸	A
	AUG* 甲硫氨酸	ACG 苏氨酸	AAG 赖氨酸	AGG 精氨酸	G
G	GUU 缬氨酸	GCU 丙氨酸	GAU 天冬氨酸	GGU 甘氨酸	U
	GUC 缬氨酸	GCC 丙氨酸	GAC 天冬氨酸	GGC 甘氨酸	C
	GUA 缬氨酸	GCA 丙氨酸	GAA 谷氨酸	GGA 甘氨酸	A
	GUG 缬氨酸	GCG 丙氨酸	GAG 谷氨酸	GGG 甘氨酸	G

注：* 位于 mRNA 起始部位的 AUG 为肽链合成的起始信号。原核生物的 mRNA 中起始 AUG 代表甲酰甲硫氨酸，真核生物的起始 AUG 代表甲硫氨酸。

遗传密码有以下特点。

（1）方向性　密码子在 mRNA 分子中按照 5′→3′ 的方向排列和阅读，这种特点称为遗传密码的方向性。起始密码子位于 5′ 端，终止密码子位于 3′ 端，故翻译沿着 mRNA 的 5′→3′ 方向进行。

（2）连续性　在翻译时，从 3′ 端的 AUG 开始阅读密码子，中间无间隔，也不能重叠，连续地一个密码子挨着一个密码子"阅读"下去，直到终止密码子为止。这种特点称为遗传密码的连续性。如果 mRNA 链发生碱基插入或缺失，密码子阅读将出现错误，引起移码突变。

（3）简并性　20 种编码氨基酸中，除色氨酸和甲硫氨酸各有一个密码子外，其余氨基酸都有 2 个以上密码子，这种特点称为遗传密码的简并性。简并性主要表现在遗传密码的第一、二位碱基都是相同的，只有第三位不同，说明密码子的特异性主要由前两个碱基决定。

（4）通用性　地球上的各种生物在蛋白质合成中共用一套遗传密码，这种特点称为遗传密码的通用性。从病毒、细菌到人类几乎使用同一套遗传密码表，这是进化论关于生物具有同一起源的有力论据。

（5）摆动性　mRNA 上的密码子与 tRNA 上的反密码子在配对辨认时，有时不完全遵守碱基互补配对原则，尤其是密码子的第三位碱基与反密码子的第一位碱基，不严格互补也能相互辨认，称为密码子的摆动性。

（四）tRNA——转运氨基酸的工具

氨基酸由各自特异的 tRNA "转运"至核糖体，才能"组装"成多肽链。每一种 tRNA 分子上都有氨基酸结合部位，可与对应氨基酸特异地结合，同时通过反密码子与 mRNA 密码子互补配对结合，使 tRNA 携带的氨基酸准确地在 mRNA 上"对号入座"。由此可见，氨基酸本身并不能直接辨认它的密码子,而必须通过特异的 tRNA 识别,才能识别对应密码子。

（五）rRNA——参与核糖体的构成

rRNA 与多种蛋白质共同构成核糖体,核糖体是蛋白质生物合成的场所,在蛋白质生物合成中起到"装配机"的作用。

核糖体由大、小两个亚基组成。小亚基上有 mRNA 结合的部位,可容纳两个密码子;大亚基上有三个 tRNA 结合位点:第一个称为受位或 A 位,是氨酰 tRNA 进入核糖体后占据的位置;第二个称为给位或 P 位,是肽酰 tRNA 占据的位置;第三个称为出位或 E 位,是已卸载的 tRNA 占据的位置。A 位与 P 位之间具有转肽酶活性,可催化肽键形成（图 9-10）。

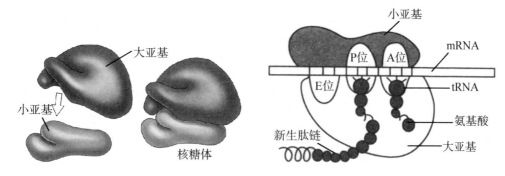

图 9-10　核糖体

考点　翻译和遗传密码的概念,遗传密码的特点,三种 RNA 在蛋白质生物合成中起到的作用

二、蛋白质生物合成的过程

蛋白质生物合成可分为氨基酸的活化与转运、肽链合成、肽链合成后的加工三个基本阶段。

（一）氨基酸的活化与转运

氨基酸必须经过活化才能参与蛋白质的生物合成。在氨酰 tRNA 合成酶的催化下,由 ATP 提供能量,氨基酸与对应的 tRNA 结合形成氨酰 tRNA,称为氨基酸的活化。氨酰 tRNA 合成酶具有高度专一性,它既能识别特异的氨基酸,又能识别特异的 tRNA,并使两者准确连接,从而保证了遗传信息的正确翻译。

（二）肽链合成——核糖体循环

核糖体循环是指活化的氨基酸,由 tRNA 携带至核糖体上,以 mRNA 为模板合成多肽链的过程。这一阶段是蛋白质生物合成的中心环节,合成的具体步骤可分为起始、延伸、终止三个阶段。

1. 肽链合成的起始　此阶段是由核糖体大小亚基、模板 mRNA 及具有启动作用的氨酰 tRNA 结合形成起始复合物的过程（图 9-11）。这一过程还需要 Mg^{2+}、ATP、GTP 及几种起始因子（IF）参加。这一阶段并无肽键形成,只是为肽键形成做好准备。

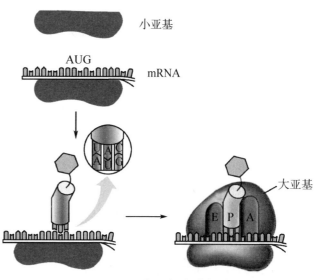

图 9-11　肽链合成的起始

2. 肽链的延伸　　在起始复合物的基础上，各种氨酰 tRNA 按 mRNA 上密码子的顺序在核糖体上一一对号入座，其携带的氨基酸依次通过肽键缩合形成新的肽链。这一过程是在核糖体上连续循环进行的，每个循环又可分为三步，即进位、成肽和转位。每次循环使新合成的肽链延长一个氨基酸（图 9-12）。

（1）进位　　按照 mRNA 上位于核糖体大亚基 A 位上的密码子，相应的氨酰 tRNA 对号入座，并通过反密码子结合在 mRNA 与 A 位对应的密码子上。这一过程需要延伸因子（EF）、GTP 和 Mg^{2+} 的参与。

（2）成肽　　在核糖体大亚基上的转肽酶的催化下，P 位上的肽酰 tRNA 所携带的肽酰基（第一次延伸反应为甲硫氨酰基）向 A 位转移并与 A 位上新进入的氨基酸的氨基缩合形成肽键，使肽链延长一个氨基酸单位，P 位则由空载 tRNA 占据。该反应需要 Mg^{2+} 与 K^+ 的参与。

（3）转位　　在转位酶的作用下，核糖体沿 mRNA 向 3′ 方向移动一个密码子的距离，原来位于 A 位的肽酰 tRNA 及其对应的密码子移到 P 位，空载 tRNA 移至 E 位，A 位空出，mRNA 的下一个密码子进入 A 位，为另一个能与之对应的氨酰 tRNA 的进位做好准备。当新的氨酰 tRNA 进入 A 位后，位于 E 位上的空载 tRNA 随之脱落。

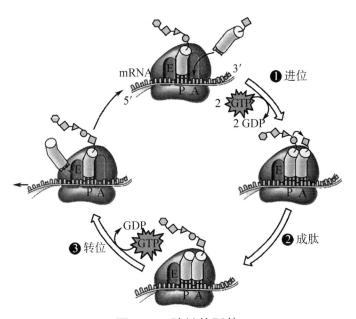

图 9-12　肽链的延伸

肽链每增加一个氨基酸都需要经过上述三步反应。核糖体沿 mRNA 从 5′→3′ 方向滑动，相应地肽链合成从 N 端→C 端延伸，直到终止密码子出现在核糖体的 A 位为止。

3. 肽链合成的终止　　当多肽链合成至 A 位上出现终止密码子（UAA、UAG、UGA）时，释放因子能予以辨认并进入 A 位，诱导转肽酶水解 P 位上的多肽链脱离，然后由 GTP 提供能量，使 tRNA 和释放因子脱离，核糖体与 mRNA 分离，核糖体自身也解离成大、小亚基。解离后的大、小亚基可再次聚合，开始另一条肽链的合成（图 9-13）。

（三）肽链合成后的加工

从核糖体上释放出来的多肽链，多数还不具有生物活性，需要经过一定的加工修饰才能成为具有一定空间结构和功能的蛋白质。常见的加工修饰方式有切除 N 端的甲硫氨酸、二硫键的形成、水解去除某些肽段或氨基酸残基、对某些氨基酸进行化学修饰、辅基的连接和亚基的聚合等。

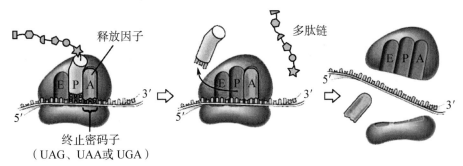

图 9-13 肽链合成的终止

三、蛋白质生物合成与医学的关系

蛋白质是生命的重要物质基础，与机体的组成及各种生命现象密切相关。蛋白质生物合成异常，必然会导致机体代谢异常，从而引起疾病。临床医学利用此机制，可对病原生物或某些疾病进行干预。

（一）分子病

由于基因或 DNA 分子缺陷，致使细胞内 RNA 及蛋白质合成出现异常、人体结构与功能随之发生变异的疾病称为分子病。分子病是一类遗传性疾病，如镰状细胞贫血就是合成血红蛋白的基因异常所导致的贫血疾病。此类患者因基因缺陷（表 9-2），血红蛋白 β 链相应位置的谷氨酸残基变成了缬氨酸残基，形成异常血红蛋白 HbS。HbS 在氧分压较低时容易连接成巨大分子，附着在红细胞膜上，使红细胞扭曲成镰刀状且极易破裂，从而导致溶血性贫血。

表 9-2 正常人与镰状细胞贫血患者血红蛋白相关基因及表达产物比较表

鉴别项目	正常人	镰状细胞贫血患者
相关的 DNA	3′……CTT……5′	3′……CAT……5′
相关的 mRNA	5′……GAA……3′	5′……GUA……3′
β 链 N 端第 6 位氨基酸残基	N 端……谷……C 端	N 端……缬……C 端
血红蛋白种类	HbA	HbS

（二）蛋白质合成的阻断剂

多种抗生素可作用于遗传信息传递的各个环节，阻抑细菌或肿瘤细胞的蛋白质合成，从而发挥药理作用。例如，丝裂霉素、博来霉素、放线菌素等可抑制 DNA 的模板活性，利福霉素可抑制细菌的 RNA 聚合酶活性，通过影响转录来阻抑蛋白质的合成。另一些抗生素则主要影响翻译过程，如四环素能与细菌核糖体的小亚基结合使其变构，从而抑制 tRNA 的进位；链霉素则抑制细菌蛋白质合成的起始阶段，并引起密码子错读而干扰蛋白质的合成；氯霉素能与细菌核糖体的大亚基结合，抑制转肽酶的活性等。

一些抗生素的作用位点、作用机制及应用见表 9-3。

表 9-3　一些抗生素的作用位点、作用机制及应用		
抗生素	作用位点	作用机制及应用
四环素	原核核糖体小亚基	抑制氨酰 tRNA 与小亚基的结合
氯霉素	原核核糖体大亚基	抑制肽酰转移酶，阻断肽键的形成
链霉素、卡那霉素	原核核糖体小亚基	改变构象，引起读码错误，抑制起始
红霉素	原核核糖体大亚基	抑制肽酰转移酶，妨碍转位
嘌呤霉素	原核、真核核糖体	氨酰 tRNA 类似物，使肽链从核糖体上解离

　　某些毒素能在肽链延长阶段阻断蛋白质合成而引起毒性，如白喉毒素可特异性抑制人和哺乳动物肽链延长因子 2 的活性，抑制真核细胞蛋白质的生物合成。细胞在受到某些病毒感染后所分泌的具有抗病毒功能的宿主特异性蛋白质，称为干扰素。干扰素有广谱抗病毒作用，其并不直接杀伤或抑制病毒，但可通过细胞表面受体作用使细胞产生抗病毒蛋白，从而抑制病毒复制。此外，干扰素还具有调节细胞生长分化、激活免疫系统等作用，临床应用十分广泛。

考点　分子病的概念

自 测 题

一、名词解释

1. 半保留复制　2. 分子病　3. 转录　4. 翻译

二、填空题

1. 基因信息的传递中，以亲代 DNA 为模板合成子链 DNA 的过程称为 _____，合成蛋白质的过程称为 _____。

2. 遗传密码的主要特点是 _____、_____、_____、_____。

3. 核苷酸合成分为 _____ 合成和 _____ 合成。

三、单选题

1. 人体内嘌呤核苷酸分解代谢的最终产物是（　　）

A. 尿酸　　　　　B. 氨

C. 尿素　　　　　D. 二氧化碳

E. 水

2. 蛋白质合成过程中的直接模板为（　　）

A. mRNA　　B. tRNA　　　C. DNA

D. rRNA　　E. 核糖体

3. 关于 DNA 复制，错误的说法是（　　）

A. 为半保留复制

B. 需要引物

C. 复制时模板链与新链方向相同

D. 亲代 DNA 的两条链均可做模板

E. 为半不连续复制

4. 在遗传的中心法则中，基因信息传递的一般顺序是（　　）

A. DNA →蛋白质→ RNA

B. RNA →蛋白质→ DNA

C. DNA → RNA →蛋白质

D. 蛋白质→ RNA → DNA

E. 蛋白质→ DNA → RNA

5. 5- 氟尿嘧啶和 6- 巯基嘌呤主要为下列哪种物质的常用抗代谢物（　　）

A. 维生素　　　　　B. 糖原

C. 脂肪　　　　　　D. 蛋白质

E. 核苷酸

四、简答题

简述三种 RNA 在蛋白质的生物合成中的作用。

（莫小卫）

第**10**章
肝脏生物化学

肝脏是人体内最大的消化腺，具有极其重要的功能，其结构复杂，功能强大，与人的生命活动息息相关。肝脏不仅参与糖类、脂类、蛋白质、维生素和激素等重要物质的代谢，同时在物质的消化、吸收、排泄以及解毒、凝血、免疫等方面同样发挥了重要作用，因此有人形象地把肝脏比喻是人体的化学加工厂。

第1节 肝脏在物质代谢中的作用

案例 10-1

患者，男，54 岁，近两年开始出现食欲不振，恶心，右上腹部不适，近期出现牙龈出血，颈部、前胸出现数颗蜘蛛痣。经医院检查诊断为乙型肝炎及中度肝硬化。

问题： 肝脏疾病引起蜘蛛痣的原因是什么？

一、肝脏在糖、脂类、蛋白质代谢中的作用

（一）肝脏在糖代谢中的作用

肝脏在糖代谢中的重要作用是维持血糖浓度的相对恒定，是调节血糖浓度的主要器官。肝脏对血糖的调节通过肝糖原的合成与分解及糖异生作用来实现。餐后血糖浓度升高时，肝脏将葡萄糖转化成肝糖原（肝糖原占肝重量的 6% ～ 8%）储存起来，从而使人体血糖不致太高；当饥饿时或运动以后，血糖呈下降趋势时，肝糖原则迅速分解成葡萄糖释放入血，防止血糖过低。当饥饿超过 12 小时，肝糖原几乎耗尽时，肝脏可将甘油、乳酸及生糖氨基酸等物质通过糖异生途径转变为葡萄糖或者糖原以维持空腹或饥饿状态下血糖浓度相对恒定。

因此，在发生严重肝病时，肝糖原的合成、分解及糖异生作用都降低，难以维持血糖的正常浓度，容易出现空腹低血糖及进食后一过性高血糖。

考点 肝脏在糖代谢中起的作用

（二）肝脏在脂类代谢中的作用

肝脏在脂类的消化、吸收、运输、合成和分解等代谢过程中均发挥重要作用。

1. 分泌胆汁 肝脏能够分泌胆汁，胆汁的胆汁酸盐能乳化食物中的脂类，促进脂类的消化和吸收。肝胆疾病时，由于肝脏合成、分泌或排泄胆汁酸的能力下降，患者出现厌油腻、脂肪泻、脂类食物消化不良等。

2. 合成酮体 肝脏分解脂肪生成的脂肪酸氧化不完全，会生成乙酰乙酸、β- 羟丁酸及丙

酮，这三者统称为酮体。肝脏是体内酮体合成的唯一器官，生成的酮体不能在肝脏中氧化利用，而是经血液运输至其他组织，如脑、心、肾、骨骼肌等氧化利用（肝内生成，肝外利用），作为这些组织在饥饿状态下的能量来源。

3. 合成脂蛋白　肝脏能合成 VLDL，并借此把肝内合成的三酰甘油运输到脂肪组织内储存或运输到其他组织内利用。肝脏合成的 HDL 可促进胆固醇的代谢。

4. 合成胆固醇　肝脏是人体内合成胆固醇最旺盛的器官，合成的胆固醇占全身合成胆固醇总量的 80% 以上，是血浆胆固醇的主要来源。当肝脏功能受损时，胆固醇合成减少，磷脂合成发生障碍，肝脏内脂肪运出困难，使肝脏内脂肪堆积，导致脂肪肝。肝脏还能合成并分泌卵磷脂 - 胆固醇脂酰转移酶（LCAT）等，促使胆固醇脂化，有利于运输。

（三）肝脏在蛋白质代谢中的作用

肝脏在蛋白质代谢方面也起着重要的作用，主要体现在以下几方面。

1. 合成血浆脂蛋白　肝脏内蛋白质的代谢极为活跃，肝细胞有一个重要功能，就是合成与分泌血浆蛋白质。除 γ- 球蛋白外，几乎所有的血浆蛋白质都来自肝脏，如清蛋白（A）、球蛋白（G）、凝血因子、纤维蛋白原等。成人肝脏每日大约合成 12g 清蛋白，占肝脏合成蛋白质总量 1/4。血浆清蛋白除了是许多物质的载体外，在维持血浆胶体渗透压方面也起着重要作用。若人体血浆清蛋白低于 30g/L，人常常会出现水肿和腹水。临床上通过测定血浆清蛋白与球蛋白的比值和含量的变化，来作为肝功能正常与否的判断指标之一。

2. 肝脏在蛋白质分解代谢中的作用　肝脏中和氨基酸分解代谢有关的酶含量丰富，因此氨基酸的代谢十分活跃。氨基酸可在肝脏进行转氨基、脱氨基及脱羧基等反应。其中催化转氨基作用的 ALT，对肝病的诊断具有重要意义。体内大部分氨基酸，除支链氨基酸是在肌肉中分解外，其余氨基酸特别是芳香族氨基酸主要在肝脏内分解。故患者肝病严重时，血浆中支链氨基酸与芳香族氨基酸的比值下降。芳香族氨基酸代谢生成的胺类在大脑中可取代正常的神经递质，引起神经活动紊乱，故芳香族胺类物质又称为假神经递质。

3. 合成尿素　肝脏可将氨基酸分解产生的有毒的氨，通过鸟氨酸循环合成尿素以解除氨的毒性。所以肝脏是清除血氨最重要的器官。当肝脏功能受损时，尿素合成障碍，血氨浓度升高，产生高氨血症，可引起肝性脑病。

二、肝脏在维生素、激素代谢中的作用

（一）肝脏在维生素代谢中的作用

肝脏在维生素的吸收、运输、储存、转化、代谢等方面具有极其重要的作用。肝脏中含有丰富的维生素。有些维生素，如维生素 A、维生素 E、维生素 K、维生素 B_{12} 等，主要储存在肝脏中，维生素 A 的在肝中的含量占体内总量的 95%。当机体缺乏维生素 A 发生夜盲症时，可以多食用动物肝脏来进行辅助治疗。肝脏直接参与多种维生素的代谢转化，如肝脏可将 β- 胡萝卜素在体内转变为维生素 A；将维生素 D_3 转变为 1, 25-（OH）$_2$-D_3（维生素 D 的活性形式）。多种维生素在肝脏中参与辅酶的合成。维生素 PP 可以转变为 NAD^+ 及 $NADP^+$；泛酸可以转变为 HSCoA；维生素 B_6 能够转变为磷酸吡哆醛；维生素 B_2 可以转变

为 FAD 或 FMN，维生素 B₁ 可以转变为 TPP，在物质代谢中起着重要作用。另外，肝脏分泌胆汁酸盐可协助脂溶性维生素的吸收，因此当肝胆系统出现疾病时，可发生维生素吸收障碍。

（二）肝脏在激素代谢中的作用

激素在体内经过化学反应后，在肝脏中被分解转化，降低或失去其活性。这一过程称为激素的灭活。有些水溶性激素，如去甲肾上腺素可与肝细胞膜上的受体结合发挥调节作用，与此同时通过肝细胞内吞作用进入细胞内。而脂溶性激素，如雌激素、醛固酮在肝细胞内与活性硫酸或葡糖醛酸等结合灭活。因此当发生肝脏疾病时，肝脏对激素的灭活功能降低，体内雌激素、醛固酮等含量升高，出现男性乳房发育、蜘蛛痣、肝掌及水钠潴留等现象。

第 2 节　肝脏的生物转化作用

一、生物转化的概念及意义

（一）生物转化的概念

人体将各类非营养物质进行化学转变，以增加其极性，使其易随胆汁或尿液排出，这个转化过程称为生物转化。这些非营养物质既不是构成组织细胞的原料，也不能氧化供能，有的甚至还有毒性，可以对人体造成伤害，因此必须通过生物转化将其排出体外。根据其来源可分为：

1. 内源性物质　是体内代谢产生的各种生物活性物质（如激素、神经递质等），以及有毒的代谢产物（如氨、胆红素等）。

2. 外源性物质　是外界进入体内的各种物质，如药物、食品添加剂、色素及其他化学物质等。

（二）生物转化的意义

一般情况下，非营养物质在经过生物转化后，其生物活性或毒性均降低甚至消失，但有些物质在经肝脏生物转化后毒性反而增强，许多能够致癌的物质通过生物转化后才可以显示出致癌作用，如化学试剂苯并芘的致癌作用就是如此。因而不能将肝的生物转化作用统称为"解毒作用"。肝脏是进行生物转化作用的主要器官，在肝细胞微粒体、细胞质、线粒体等部位均存在与生物转化有关的酶类。

考点 生物转化的概念、意义

二、生物转化的反应类型

肝的生物转化反应可分为氧化、还原、水解和结合四种类型，其中氧化、还原、水解反应称为第一相反应，结合反应称为第二相反应。

（一）氧化反应

1. 微粒体氧化酶系　在生物转化的氧化反应中微粒体氧化酶系占有重要的地位。微粒体氧化酶系是需细胞色素 P450 的氧化酶系，能够直接激活分子氧，使一个氧原子加到作用物分子上，故又称为单加氧酶系。由于在反应中一个氧原子渗入到底物中，而另一个氧原子使

NADPH 氧化生成水，即一种氧分子发挥了两种功能，故又称为混合功能氧化酶，也可称为羟化酶。单加氧酶系的特异性较差，可催化多种有机物质进行不同类型的氧化反应。反应式如下：

$$RH + NADPH + H^+ + O_2 \xrightarrow{\text{单加氧酶系}} ROH + NADP^+ + H_2O$$

可以看出，有机物质经羟化作用后水溶性大大增强，有利于排泄。

2. 线粒体单胺氧化酶系　单胺氧化酶属于黄素酶类，它存在于线粒体中，可催化组胺、尸胺、酪胺、腐胺等肠道腐败产物氧化脱氨，生成相应的醛类或酸类。例如：

$$\underset{\text{胺}}{RCH_2NH_2} + O_2 + H_2O \longrightarrow \underset{\text{醛}}{RCHO} + H_2O_2 + NH_3$$

3. 脱氢酶系　细胞质中含有以 NAD^+ 为辅酶的醇脱氢酶与醛脱氢酶，分别催化醇或醛脱氢，氧化生成相应的醛或酸类。例如：

$$\underset{\text{乙醇}}{CH_3CH_2OH} \xrightarrow[\underset{NAD^+ \quad NADH + H^+}{}]{\text{乙醇脱氢酶}} \underset{\text{乙醛}}{CH_3CHO} \xrightarrow[\underset{NAD^+ + H_2O \quad NADH + H^+}{}]{\text{乙醛脱氢酶}} \underset{\text{乙酸}}{CH_3COOH}$$

（二）还原反应

肝微粒体中存在着由 NADPH 及还原型细胞色素 P450 供氢的还原酶，主要是硝基还原酶类和偶氮还原酶类，都为黄素蛋白酶类。还原后生成的产物为胺。例如，硝基苯在硝基还原酶催化下还原生成苯胺，偶氮苯在偶氮还原酶催化下还原生成苯胺。

（三）水解反应

肝细胞中有各种水解酶，如酰胺酶、酯酶及糖苷酶，分别水解酰胺键、酯键及糖苷键。这类水解酶分布广泛，种类繁多，在肝外组织液中也含有这些酶类，如阿司匹林（乙酰水杨酸）的水解。

（四）结合反应

结合反应是体内最重要的生物转化方式，常常发生在非营养物质的一些功能基团上，如氨基、羟基或羧基等。一些非营养物质可以直接进行结合反应，有一些则需要先经过第一相反应后再进行第二相反应。结合反应可在肝细胞的微粒体、细胞质和线粒体内进行。

1. 葡糖醛酸结合反应　葡糖醛酸结合是最重要的结合方式。尿苷二磷酸葡糖醛酸（UDPGA）是葡糖醛酸的活性供体。肝细胞微粒体中有 UDP- 葡糖醛酸转移酶，能够将葡糖醛酸基转移到毒物或其他活性物质的氨基、羟基或羧基上，生成葡糖醛酸苷。结合后其毒性明显降低，并且很容易被排出体外，如胆红素、类固醇激素等。

2. 硫酸结合反应　以 3′- 磷酸腺苷 -5′- 磷酰硫酸（PAPS）为活性硫酸供体。在肝细胞中有硫酸转移酶，其能催化酚类、类固醇、芳香胺等与 PAPS 结合生成硫酸酯。例如，雌酮在肝脏内与硫酸结合而失活。

3. 乙酰基结合反应　在乙酰基转移酶的催化下，由乙酰 CoA 作为乙酰基供体，乙酰基与芳香族胺类结合生成相应的乙酰化衍生物。

4. 甘氨酸结合反应　在肝细胞微粒体酰基转移酶的作用下，甘氨酸可与外来的含羧基化合物结合，如甘氨酸与胆酸结合生成甘氨胆酸。

5. 甲基结合反应　肝细胞质及微粒体中具有多种转甲基酶，含有羟基、氨基或巯基的化合物可进行甲基化反应，甲基的供体是 S-腺苷甲硫氨酸（SAM）。例如，烟酰胺和 SAM 结合生成 N-甲基烟酰胺。

三、生物转化的特点

生物转化具有以下特点。

（一）代谢过程的连续性和产物的多样性

物质的生物转化过程是相当复杂的，常常需要连续进行几种反应，产生几种产物。同一类或者同一种物质在体内可以进行多种不同的反应，产生不同的产物。例如，乙酰水杨酸水解生成的水杨酸，既可以与甘氨酸反应，又可以与葡糖醛酸结合，还可以进行氧化反应。

（二）解毒和致毒的双重性

生物转化作用既有解毒作用又有致毒作用。大多数非营养物质经过生物转化后，其生物活性或毒性降低甚至消失，但有些物质经生物转化后却适得其反，反而产生了毒性。例如，解热镇痛类药物非那西丁在肝脏中可发生去乙酰基反应，生成的对氨基乙醚可以使血红蛋白变成高铁血红蛋白，导致发绀等毒性作用。又例如，致癌性极强的黄曲霉素 B_1 在体外并不能与核酸等生物大分子结合，但经氧化生成环氧化黄曲霉素 B_1 后可与鸟嘌呤第 7 位 N 结合而致癌。所以，简单认为肝的生物转化作用只是解毒是片面的。

考点　生物转化的主要类型和特点

四、生物转化的影响因素

生物转化作用的影响因素有很多，包括年龄、性别、肝脏疾病及药物的诱导与抑制等体内外各种因素。

（一）年龄

新生儿特别是早产儿由于肝内酶系统发育不完善，对药物及毒物的转化能力不足，容易发生药物及毒物中毒。老年人因为器官退化，肝血流量及肾的廓清速率下降，药物在体内的半衰期延长，服药后药性较强，不良反应较大。在临床上对新生儿和老年人使用药物时要特别谨慎，药物用量要较成人量低。

（二）性别

有些生物转化作用存在明显的性别差异。例如，女性体内醇脱氢酶的活性一般都高于男性，对氨基比林的转化能力也比男性强。

（三）肝脏疾病

肝功能低下可以影响肝脏的正常生物转化功能，使药物或毒物的灭活速度下降，药物的治疗剂量与毒性剂量的差距减小，容易造成肝脏损害，因此对肝病患者用药应慎重。

（四）药物的诱导与抑制

某些药物或毒物可以诱导生物转化酶类的生成，使肝脏的生物转化能力增强。例如，长期服用苯巴比妥，可以诱导肝微粒体单加氧酶系的合成，从而使机体对苯巴比妥类催眠药产生耐药性。由于许多非营养性物质的生物转化作用经常受同一酶系催化，因此联合用药时可能发生药物间对酶的竞争性抑制作用，影响其转化效率。例如，保泰松与双香豆素合用时，前者抑制了后者的代谢，增强了双香豆素的抗凝作用，甚至引起出血现象，故同时服用多种药物时应予以注意。

第 3 节　胆汁酸代谢

 **案例** 10-2

　　患者，女，35 岁，有不吃早饭的习惯。近几天常在饭后出现右上腹部持续性疼痛，疼痛呈阵发性加剧并向右肩背放射；另外还出现恶心症状。临床诊断为胆结石。医生建议手术治疗，摘除胆囊。

问题： 1. 胆汁的主要成分是什么？

　　　　 2. 胆汁的生理功能有哪些？

　　　　 3. 经常不吃早饭容易患胆结石吗？

一、胆汁的分类与成分

胆汁是肝细胞分泌的一种液体，在胆囊中储存，经过胆管系统进入十二指肠。正常人 24 小时要分泌胆汁 300 ～ 700ml。

（一）胆汁的分类

肝脏最初分泌的胆汁称为肝胆汁，清澈透明，呈黄褐色或金黄色。肝胆汁进入胆囊后，发生浓缩，呈暗褐色或棕绿色，称为胆囊胆汁。胆汁的主要特征成分是胆汁酸、胆固醇、卵磷脂、无机盐、黏蛋白和多种酶类等。

（二）胆汁的成分

胆汁含有多种物质，既含有促进脂类消化吸收的胆汁酸盐，又含有体内的一些代谢产物，如胆红素、胆固醇及经肝脏生物转化作用的非营养物质，所以胆汁既是分泌液也是排泄液。胆汁的主要特征性成分是胆汁酸盐。

二、胆汁酸盐的分类及代谢

胆汁酸是胆固醇在肝细胞内转化而来的，是肝脏清除胆固醇的主要方式。胆汁酸是存在于胆汁中一大类胆烷酸的总称，以钠盐或钾盐的形式存在，即胆汁酸盐，简称胆盐。

（一）胆汁酸的分类

胆汁酸可分为两类：初级胆汁酸和次级胆汁酸，每类又有游离型和结合型之分。

（二）胆汁酸的代谢

1. 初级胆汁酸的生成　在肝细胞内由胆固醇转变而成的胆汁酸称为初级胆汁酸。胆固醇转变为初级胆汁酸的过程比较复杂，首先胆固醇在 7α- 羟化酶催化下，转变为 7α- 羟胆固醇，然后再转变成初级游离胆汁酸，即鹅脱氧胆酸和胆酸，二者可与甘氨酸或牛磺酸结合，生成初级结合型胆汁酸。人胆汁中的胆汁酸以结合型为主。7α- 羟化酶是胆汁酸生成的限速酶。

2. 次级胆汁酸的生成　随胆汁流入肠腔的初级胆汁酸在协助脂类物质消化吸收的同时，在小肠下段及大肠受肠道细菌作用，水解释放出甘氨酸和牛磺酸，先转变为初级游离胆汁酸，再生成次级游离胆汁酸，即石胆酸和脱氧胆酸（鹅脱氧胆酸转变成石胆酸，胆酸转变成脱氧胆酸）。肠道中的各种胆汁（包括初级、次级、游离型与结合型）中有 95% 被肠壁重吸收，以回肠部对结合型胆汁酸的主动重吸收为主，其余在肠道各部被动重吸收，形成胆汁酸的肠肝循环。其余随粪便排出，正常人每日从粪便排出的胆汁酸为 0.4～0.6g。

由肠道重吸收的胆汁酸（包括初级胆汁酸和次级胆汁酸，结合型和游离型胆汁酸）均由门静脉进入肝，在肝中游离型胆汁酸再转变成结合型胆汁酸，再随胆汁排入肠腔，此过程称为胆汁酸的肠肝循环（图 10-1）。胆汁酸肠肝循环的生理意义在于使有限的胆汁酸反复利用，促进脂类的消化与吸收。每日可以进行 6～12 次肠肝循环，使有限的胆汁酸能够发挥最大限度的乳化作用，以维持脂类食物消化吸收的正常进行。

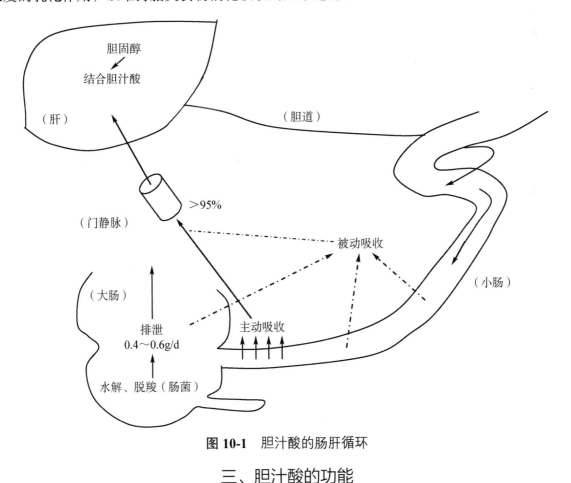

图 10-1　胆汁酸的肠肝循环

三、胆汁酸的功能

（一）胆汁酸促进脂类消化吸收

胆汁酸分子内既有亲水性的羟基和羧基或者磺酸基，又有疏水性的烃基和甲基，使胆汁酸构型上具有亲水和疏水的两个侧面，能够降低油水两相间的表面张力。这种结构让其成为较强的乳化剂，既有利于脂类乳化，又有利于脂类吸收。

（二）胆汁酸抑制胆固醇结石的形成

胆汁中的胆汁酸盐与卵磷脂可以让胆固醇分散形成可溶性微团，使之不易形成结晶沉淀。如果胆汁酸、卵磷脂和胆固醇比值降低，则可使胆固醇以结晶形式析出形成结石。

第4节　胆色素代谢

胆色素是含有铁卟啉的化合物在体内分解代谢后的产物，包括胆红素、胆绿素、胆素原和胆素等。在正常情况下这些化合物主要随胆汁排出体外。胆色素代谢以胆红素代谢为中心。胆红素是胆汁中的主要色素，呈橙红色，有毒性。学习胆红素知识对于认识肝脏疾病具有重要意义。

一、胆色素的生成与运输

（一）胆红素的生成

人体内大部分胆红素是由衰老的红细胞在单核吞噬细胞系统中被破坏、降解而来的。人每天可以产生 250 ~ 350mg 胆红素，其中 70% 以上来自衰老红细胞破坏释放的血红蛋白；其他主要来自含铁卟啉类如细胞色素 P450、细胞色素 b_5、过氧化物酶、过氧化氢酶等的分解代谢。

体内红细胞不断更新，衰老的红细胞被破坏释放出血红蛋白，血红蛋白被分解为珠蛋白和血红素。血红素在微粒体中血红素加氧酶催化下，生成胆绿素。胆绿素进一步在细胞质中胆绿素还原酶（辅酶为 NADPH）的催化下，迅速被还原为胆红素。这时的胆红素呈现亲脂、疏水的特性，具有毒性。

链接

新生儿黄疸

新生儿黄疸是指新生儿时期，由于胆红素代谢异常引起血中胆红素水平升高，出现皮肤、黏膜及巩膜黄染为特征的疾病。本病有生理性和病理性两种。生理性黄疸一般在出生后 2 ~ 3 天出现，4 ~ 6 天达到高峰，7 ~ 10 天消退。生理性黄疸除了有轻微性食欲不振外，无其他临床症状。苯巴比妥可以诱导 Y 蛋白的合成，临床上可以用苯巴比妥治疗新生儿生理性黄疸。若出生 24 小时即出现黄疸，2 ~ 3 周仍不退，甚至继续加重加深或者消退后重复出现或者出生后一周至数周内才出现黄疸，均为病理性黄疸。病理性黄疸持续时间长，危害大，婴儿表现为食欲差、尖叫甚至四肢抽搐，严重时造成呼吸衰竭而死亡。

（二）胆红素在血液中的运输

生成的胆红素难溶于水，可自由透过细胞膜进入血液，在血液中主要与血浆清蛋白结合成胆红素 - 清蛋白复合物进行运输。这种结合增加了胆红素在血浆中的水溶性，便于运输；同时又限制了胆红素自由透过各种生物膜，使其不致对组织细胞产生毒性作用。正常人血浆胆红素浓度仅为 3.4 ~ 17.1μmol/L，所以正常情况下，血浆中的清蛋白足以结合全部胆红素。

但有些化合物（如磺胺类药物、抗炎药及镇痛药等）可同胆红素竞争与清蛋白结合，从而使胆红素游离出来，过多的游离胆红素会干扰脑的正常功能，引起胆红素脑病（核黄疸）。

二、胆红素在肝脏中的代谢

（一）游离胆红素被肝细胞摄取

血中胆红素以胆红素 - 清蛋白的形式输送到肝脏，很快被肝细胞摄取。肝细胞摄取血中胆红素的能力非常强。肝细胞内有两种载体蛋白质（Y 蛋白和 Z 蛋白），两者均可与胆红素结合。这种结合使胆红素不能反流入血，从而使血胆红素不断地被摄入肝细胞内。胆红素被载体蛋白结合后，以胆红素 -Y 蛋白（胆红素 -Z 蛋白）形式送至内质网。

（二）胆红素在滑面内质网结合葡糖醛酸生成水溶性胆红素

肝细胞滑面内质网中有胆红素 - 尿苷二磷酸葡糖醛酸转移酶，该酶可催化胆红素与葡糖醛酸以酯键结合，生成胆红素葡糖醛酸酯。在人体胆汁中的结合胆红素主要是胆红素葡糖醛酸二酯（70% ～ 80%），其次为胆红素葡糖醛酸一酯（20% ～ 30%）。胆红素经上述转化后成为结合胆红素（又称直接胆红素），其水溶性增强，与血浆清蛋白亲和力减小，容易从胆道排出，也容易透过肾小球随尿排出，但不易通过细胞膜和血脑屏障，因此，不会造成组织中毒，是胆红素解毒的主要方式。与结合胆红素相比，在单核吞噬细胞系统内生成的及在血液中与清蛋白结合而运输的胆红素，没有与葡糖醛酸进行结合，称为非结合胆红素（又称间接胆红素）。结合胆红素与非结合胆红素性质的比较见表 10-1。

表 10-1　非结合胆红素与结合胆红素的性质比较

性质	非结合胆红素	结合胆红素
常用名称	游离胆红素、间接胆红素、血胆红素	脂型胆红素、直接胆红素、肝胆红素
溶解性	脂溶性	水溶性
与重氮试剂反应	缓慢、间接反应	迅速、直接反应
与葡糖醛酸结合	未结合	结合
经肾脏随尿排出	不能	能
透过细胞膜的能力	大	小
对脑的毒性作用	大	小

三、胆色素在肠道中的变化与胆素原的肠肝循环

（一）胆色素在肠道中的变化

结合胆红素随胆汁排入肠道后，自回肠下段至结肠，在肠道细菌作用下，由 β- 葡糖醛酸酶催化水解脱去葡糖醛酸，再逐步还原成为无色的胆素原族化合物，即中胆素原、粪胆素原和尿胆素原。粪胆素原在肠道下段接触空气氧化为棕黄色的粪胆素，是正常粪便中的主要色素。正常人每日从粪便中排出胆素原 40 ～ 280mg。

（二）胆素原的肠肝循环

在正常情况下，肠道中有 10% ～ 20% 的胆素原可被重吸收入血，经门静脉入肝。其中大部分（约 90%）由肝摄取并以原形胆道排入肠道，称胆素原的肠肝循环。在这个过程中，

少量（10%）胆素原可以进入体循环，通过肾小球滤出，经尿排出，即为尿胆素原。正常成人每天从尿排出的尿胆素原为 0.5 ~ 4.0mg，尿胆素原与空气接触被氧化成尿胆素，是尿液中的主要色素。临床上称尿胆素原、尿胆素及尿胆红素为尿三胆。胆红素的生成及转变过程见图 10-2。

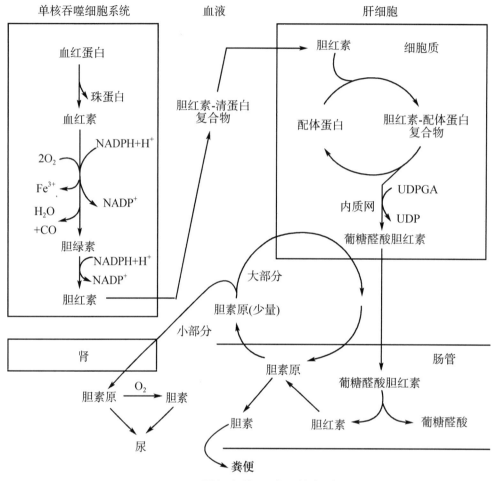

图 10-2 胆红素的生成及转变过程

四、血清胆红素与黄疸

案例 10-3

　　患者，女，42 岁，因上腹痛，皮肤发黄，瘙痒 2 个月，加重 1 周住院。体格检查：消瘦，皮肤、巩膜中度黄染，腹软，上腹压痛（＋）。B 超示胰管扩张，胰头增大。胆囊肿大，胆总管肝内胆管扩张，剖腹探查及病理切片证实为发生在胰头部的胰腺癌。根据其病因确定为阻塞性黄疸。
问题： 患者血、尿、粪的生化指标会如何改变？

　　正常人血清中总胆红素含量很少，一般小于 17.1μmol/L（10mg/L），其中 4/5 是非结合胆红素，其余是结合胆红素。正常情况下，肝脏清除胆红素的能力远远大于机体产生胆红素的能力，如果体内胆红素生成过多，或肝脏摄取、转化、排泄过程中发生障碍均可引起血清胆红素浓度升高。当人体血清胆红素浓度超过 34.2μmol/L（20mg/L）时会出现巩膜、黏膜及皮肤的黄染，称为黄疸。黄疸的程度取决于血清胆红素的浓度，当血清胆红素高于

17.1μmol/L（10mg/L）但不超过 34.2μmol/L（20 mg/L）的时候，肉眼看不到组织黄染，临床上称为隐性黄染。当血清胆红素浓度超过 34.2 μmol/L（20mg/L）时，有明显的黄染现象，临床上称为显性黄疸，临床上根据黄疸发病的原因不同，可以将黄疸分为三种类型。

考点　黄疸的概念

（一）溶血性黄疸

各种原因（如恶性疟疾、药物、输血不当）导致红细胞大量破坏，非结合胆红素产生过多，超过了肝脏的处理能力，使血中胆红素增多而造成的黄疸，称为溶血性黄疸。其特点是：血清总胆红素浓度升高，以非结合胆红素含量增高为主，因非结合胆红素不能由肾小球滤过，故尿中无胆红素。由于肝脏对胆红素的摄取、转化和排泄增多，从肠道排出的胆素原增多，造成粪便和尿液中胆素增多，二者颜色均加深。

（二）肝细胞性黄疸

由于肝细胞受损，导致其摄取、结合、转化、排泄胆红素能力下降而引起的黄疸称为肝细胞性黄疸。其特点是：非结合胆红素转化为结合胆红素的能力降低，血中非结合胆红素浓度升高；肝脏细胞肿胀，毛细血管通透性增强，使部分结合胆红素反流入血，因此血中结合胆红素浓度升高，结合胆红素可经尿排出，故尿胆红素呈阳性；肝脏对结合胆红素的生成及排泄均减少，粪便颜色变浅；由于肝细胞受损程度不同，尿中胆素原含量变化不定，如从胆道中吸收的胆素原排泄受阻，尿中胆素原增加，尿色加深，如肝脏有实质性损害，结合胆红素生成减少，尿中胆素原减少，尿色变浅。肝细胞性黄疸常见于各种类型的肝炎、肝肿瘤等。

（三）阻塞性黄疸

各种原因引起胆道阻塞，导致胆汁排泄受阻，胆红素逆流入血，造成血清胆红素浓度升高而出现的黄疸称为阻塞性黄疸。其特点是：血中总胆红素浓度升高，以结合胆红素浓度升高为主，非结合胆红素无明显改变；结合胆红素从尿中排出，故尿中胆红素呈阳性，胆管阻塞使尿胆素原及粪胆素原合成减少，所以粪便颜色变浅甚至呈灰白色，尿色也变浅。阻塞性黄疸常见于胆管炎症、肿瘤、结石、胆道蛔虫或先天性胆道闭塞等疾病。

三种类型黄疸的指标变化见表 10-2。

考点　三种黄疸的血液、尿液、粪便颜色的变化

表 10-2　三种黄疸的指标变化的比较

指标	正常人	溶血性黄疸	肝细胞性黄疸	阻塞性黄疸
血清胆红素总量	1.7 ～ 17.1μmol/L	主要为非结合胆红素增多	非结合胆红素和结合胆红素均增多	主要为结合胆红素增多
结合胆红素	0 ～ 6.8μmol/L	轻度增加	中度增加	明显增加
非结合胆红素	1.7 ～ 10.2μmol/L	明显增加	中度增加	轻度增加
尿胆红素	阴性	阴性	阳性	强阳性
尿胆素原	0.84 ～ 4.20μmol/L	明显增加	正常或轻度增加	减少或缺如
尿胆素	少量	明显增加	正常或轻度增加	减少或缺如
粪便颜色	正常	加深	变浅或正常	完全阻塞时为陶土色

第5节　常用肝功能实验及临床应用

目前在临床上肝脏的生化检验项目已成为一项重要的常规工作。常用的肝功能检测项目可归纳如下。

一、血浆蛋白质代谢的测定

测定血浆总蛋白、清蛋白和球蛋白的含量及清蛋白和球蛋白的比值（A/G）可以了解肝功能。严重肝功能障碍最常见的是血浆清蛋白含量降低，γ-球蛋白含量升高，致使A/G值下降，甚至倒置。血浆甲胎蛋白（AFP）测定阳性是原发性肝癌最灵敏、最特异的指标，血氨升高可作为判断肝性脑病的生化指标。

二、血清酶活性变化的测定

测定血清ALT和AST可反映肝细胞的损伤程度，二者是急性肝炎黄疸期最早出现的异常指标，可协助诊断急性肝病。γ-谷氨酰转移酶（γ-GT）在急性肝炎时有轻度或中度升高。碱性磷酸酶（AKP）在胆道有梗阻时明显升高，急性、慢性肝炎时有轻度升高。乳酸脱氢酶（LDH）对肝硬化、肝细胞坏死等疾病具有重要的诊断价值。

三、胆色素代谢的测定

单纯测定血清总胆红素有助于了解有无黄疸及黄疸的程度。比较结合胆红素与非结合胆红素含量的变化，有利于诊断肝细胞性黄疸。测定尿胆红素、胆素原和胆素的水平，可以反映肝处理胆红素的能力，还可鉴别黄疸的类型。

自 测 题

一、名词解释

1. 生物转化作用　2. 胆色素　3. 黄疸

二、填空题

1. 生物转化中第一相反应包括＿＿＿＿、＿＿＿＿和＿＿＿＿三种反应。

2. 初级游离胆汁酸包括＿＿＿＿、＿＿＿＿，次级游离胆汁酸包括＿＿＿＿、＿＿＿＿，与＿＿＿＿和＿＿＿＿结合就是结合胆汁酸。

3. 肝脏在糖代谢过程中是通过＿＿＿＿、＿＿＿＿和＿＿＿＿途径来维持血糖的相对恒定。

4. 肝脏是储存维生素＿＿＿＿、＿＿＿＿、＿＿＿＿、＿＿＿＿的主要场所。

5. 根据黄疸的产生原因不同可以将黄疸分为＿＿＿＿、＿＿＿＿、＿＿＿＿三种。

三、单选题

1. 影响生物转化的因素有（　　　）

　A. 性别　　　　　　　B. 年龄

　C. 药物　　　　　　　D. 疾病

　E. 以上都是

2. 下列哪个不属于初级胆汁酸（　　　）

　A. 甘氨胆酸　　　　　B. 牛磺胆酸

　C. 脱氧胆酸　　　　　D. 胆酸

　E. 鹅脱氧胆酸

3. 下列哪种物质不是在肝脏合成的（　　　）

A. 酮体　　　　　B. 尿素

C. 尿酸　　　　　D. 胆固醇

E. 胆汁酸

4. 胆红素是由下列哪种物质分解产生的（　　　）

A. 胆固醇　　　　B. 血红蛋白

C. 胆汁酸　　　　D. 脂肪酸

E. 磷脂

5. 结合胆红素是（　　　）

A. 胆红素 - 清蛋白

B. 胆红素 -Y 蛋白

C. 胆红素 -Z 蛋白

D. 葡糖醛酸胆红素

E. 胆素原

四、简答题

1. 比较结合胆红素与非结合胆红素的特点。

2. 比较三种黄疸的概念及血、尿、粪便的变化。

（孙江山）

第11章
水与无机盐代谢

人体机体内液体的总称为体液，包括细胞内液和细胞外液，体液由水（主要成分）及溶于水中的无机盐、有机物组成。这些物质大多以离子状态存在，故又称电解质。

体液构成机体的内环境，物质代谢都是在体液中进行的。为了确保物质代谢的正常进行和各种组织器官生理功能的正常发挥，必须维持内环境的相对稳定。各种疾病会破坏内环境的稳定，对机体产生各种不利的影响，严重时甚至会危及生命。因此，掌握水与无机盐的代谢与功能，对防治疾病有非常重要的意义。

案例 11-1

小明同学在外就餐后上吐下泻，出现了一系列脱水症状，在医院治疗期间，医生为小明开具了大量的输液处方。

问题： 1. 医生为什么要给小明大量输液？
2. 输液处方中应该具有哪些电解质？

第1节 体　　液

一、体液的含量与分布

成年人体液约占体重的 60%。以细胞膜为间隔，体液分为细胞内液和细胞外液，细胞外液又以毛细血管壁为界，分为血浆和组织间液。各部分体液占体重的百分比如下所示。

$$
体液（60\%）
\begin{cases}
细胞内液（40\%）\\
细胞外液（20\%）
\begin{cases}
血浆（5\%）\\
组织间液（15\%）
\end{cases}
\end{cases}
$$

体液的含量分布因年龄、性别和体型不同有很大差异。例如，体液总量随年龄增长而减少，由于肌肉的含水量高于脂肪，女性脂肪含量较高而男性肌肉相对发达，故相同体重的男性体液量多于女性，因此不同人群对缺水的耐受存在差异性。

考点 细胞内、外液含量

二、体液电解质的含量及分布特点

（一）体液电解质的含量

体液电解质主要包括 K^+、Na^+、Ca^{2+}、Mg^{2+}、Cl^-、HCO_3^-、HPO_4^{2-}、有机酸根和蛋白质阴离子等。人体各部分体液中电解质的含量有所不同（表 11-1）。

电解质		血浆		组织间液		细胞内液	
		离子	电荷	离子	电荷	离子	电荷
阳离子	Na^+	145	145	139	139	10	10
	K^+	4.5	4.5	4	4	158	158
	Mg^{2+}	0.8	1.6	0.5	1	15.5	31
	Ca^{2+}	2.5	5	2	4	3	6
	合计	152.8	156.1	145.5	148	186.5	205
阴离子	Cl^-	103	103	112	112	1	1
	HCO_3^-	27	27	25	25	10	10
	HPO_4^{2-}	1	2	1	2	12	24
	SO_4^{2-}	0.5	1	0.5	1	9.5	19
	蛋白质	2.25	18	0.25	2	8.1	65
	有机酸	5	5	6	6	16	16
	有机磷酸	—	—	—	—	23.3	70
	合计	138.75	156	144.75	148	79.9	205

表 11-1　体液中电解质的分布与含量　（单位：mmol/L）

（二）体液电解质分布的特点

1. 体液中各部分阴、阳离子电荷平衡而呈电中性。

2. 细胞内、外液中各种电解质的含量差异很大。细胞外液的阳离子以 Na^+ 为主，阴离子以 Cl^- 和 HCO_3^- 为主；细胞内液的阳离子以 K^+ 为主，阴离子以 HPO_4^{2-} 和蛋白质阴离子为主。

3. 细胞内、外液的渗透压基本相等。细胞内液的电解质总量较细胞外液多，但因为细胞内液含大分子蛋白质和二价离子较多，而这些电解质产生的渗透压较小，因此，细胞内、外液的渗透压基本相等。

4. 血浆与组织间液二者的电解质组成及含量接近，有明显差异的是蛋白质含量。血浆中蛋白质的含量远远大于组织间液，这种差别有利于血浆与组织间液之间水的交换。

考点 细胞内外液的主要电解质阴、阳离子

第 2 节　水　代　谢

一、水的生理功能

1. **参与和促进物质代谢**　水是良好的溶剂，能使各种营养物质、代谢物溶解，促进体内代谢反应的进行；水分子还可直接参与体内物质代谢反应，在代谢过程中起着重要作用。

2. **调节体温**　水的比热大，因此体温不会因机体产热或外界温度的变化而发生剧变；水的蒸发热大，通过蒸发汗液可散发大量热量，有利于夏季和高温环境下维持体温；水的流动性大，血液循环能使代谢产生的热在体内迅速均匀分布并通过体表散发。所以水是良好的体

温调节剂。

3.润滑作用　唾液有利于食物吞咽及咽部湿润，泪液能防止眼球干燥，关节滑液有助于关节活动，胸腔与腹腔浆液、呼吸道与胃肠道黏液都有良好的润滑作用。

4.维持组织的形态与功能　体内的水以自由水和结合水两种形式存在。结合水是指与蛋白质、核酸和蛋白多糖等物质结合而存在的水，它与自由状态的水不同，无流动性，因而对保持组织、器官的形态、硬度和弹性起到一定的作用。

二、水的摄入与排出

（一）水的摄入

1.饮水　成人一般每天饮水约1200ml。饮水量随个人习惯、气候条件和劳动强度等不同而有较大差别。

2.食物　成人每天随食物摄入的水量约1000ml。

3.代谢水　指糖、脂肪和蛋白质等营养物质在代谢过程中生成的水。成人每天体内生成的代谢水约300ml。

（二）水的排出

1.呼吸蒸发　肺呼吸时可以水蒸气形式排出水，成人每天由此排出的水约350ml。

2.皮肤蒸发　皮肤排水有两种方式：①非显性出汗，即体表水分的蒸发。成人每天由此排出水约500ml，因其中电解质含量甚微，故可将其视为纯水。②显性出汗，为皮肤汗腺活动分泌的汗液。汗液是低渗溶液，故大量出汗后，除失水外也有Na^+、K^+、Cl^-等电解质的丢失，此时在补充水分的基础上还应注意电解质的补充。

3.粪便排出　成人每日由粪便排出的水量约150ml。

4.肾排出　正常成人每天尿量约为1500ml，但尿量受饮水量和其他途径排水量的影响较大。成人每天由尿排出35g左右的固体代谢废物，每1g固体溶质至少需要15ml水才能使之溶解，故成人每天至少须排尿525ml才能将代谢废物排尽。临床上把成人24小时尿量少于400ml的状态称为少尿，成人24小时尿量少于100ml的状态称为无尿。

（三）水的动态平衡

一般情况下，正常成人每天水的摄入和排出维持动态平衡，大约为2500ml（表11-2、表11-3）。但当机体完全不能进水时，人体每天仍会丢失1500ml水（最低尿量500ml，非显性出汗500ml，肺呼出350ml，粪便排出150ml）。为了维持水的平衡，人体每日摄入的水量至少要达到1500ml，称为日需要量。临床护理工作中，对需要补充液体的患者，可参考上述数值。

表11-2　正常成人每日水的摄入量

摄入途径	摄入量（ml）
饮水	1200
食物含水	1000
代谢水	300
合计	2500

排出途径	排出量（ml）
尿量	1500
呼吸排出	350
皮肤蒸发	500
粪便含水	150
合计	2500

表 11-3　正常成人每日水的排出量

此外，在临床护理工作中要注意，婴幼儿的体液总量大、细胞外液比例高、体内外水的交换率高、对水代谢的调节与代偿能力较弱，而老年人体液总量减少，以细胞内液减少为主，因此，婴幼儿、老年人若丧失体液，容易发生脱水。

考点 人体每天正常的水出入量、日需要量、最低尿量

医者仁心　　　　　赵庆华——坚守医者仁心的"白衣天使"

赵庆华是重庆医科大学附属第一医院护理部主任。从一名普通护士到如今成为重庆医科大学附属第一医院护理学科建设的带头人，30 多年来，赵庆华始终在护理行业精心耕耘。结合多年临床经验，赵庆华提出了"接待热心、治疗细心、护理精心、解释耐心、征求意见虚心"的"五心"护理理念。"五心"护理理念在重庆医科大学附属第一医院全面推行，护理服务流程渐趋规范。2003 年"非典"期间，赵庆华冒着危险深入一线、筹备隔离病房、制定接诊流程、现场救护患者，连续奋战五昼夜。2008 年汶川地震，她接到命令要求 2 小时内准备好具备 50 张病床的应急病房。赵庆华马上着手筹备病房，最终实现了 156 名伤员"零感染、零截肢、零缺陷"的目标。赵庆华热心倾听一线声音，关心前线每一名队员及亲属，开展谈心交心以及时发现问题苗头，化解矛盾，加强医者仁心、博爱奉献的职业教育。赵庆华曾荣获"全国三八红旗手""南丁格尔奖""全国学雷锋岗位标兵"等荣誉。

第 3 节　无机盐代谢

一、无机盐的生理功能

1. 维持体液渗透压和酸碱平衡　无机盐在体内以解离状态存在，其中 Na^+、Cl^- 是维持细胞外液渗透压的主要离子；K^+、HPO_4^{2-} 是维持细胞内液渗透压的主要离子。有些无机盐如 $NaHCO_3$、NaH_2PO_4、Na_2HPO_4 等本身就是缓冲剂，有调节和维持体内酸碱平衡的作用。

2. 维持或影响酶的活性　有些无机离子是酶的辅因子或是辅基的组成部分。例如，磷酸化酶和各种磷酸激酶需要 Mg^{2+}，碳酸酐酶需要 Zn^{2+}，细胞色素氧化酶需要 Fe^{2+} 和 Cu^{2+} 等无机离子。此外，有些无机离子是一些酶的激活剂或抑制剂。如 Cl^- 和 K^+ 分别是唾液淀粉酶和果糖磷酸激酶的激活剂，而 Na^+ 和 Ca^{2+}、Mg^{2+} 分别是丙酮酸激酶和醛缩酶的抑制剂。

3. 构成组织细胞成分　无机盐是机体组织结构的成分之一，如钙、磷、镁是骨骼、牙齿组织中的主要成分。

4. 维持神经、肌肉应激性　神经、肌肉的应激性和兴奋性与体液中的部分离子浓度有关。

$$神经、肌肉应激性 \propto \frac{[Na^+]+[K^+]}{[Ca^{2+}]+[Mg^{2+}]+[H^+]}$$

上式中，Na^+ 和 K^+ 浓度增高时，神经、肌肉的应激性增强；Ca^{2+}、Mg^{2+}、H^+ 浓度增高时，神经、肌肉的应激性就降低，所以缺钙时，神经、肌肉的应激性会增强，导致手足抽搐。神经、肌肉的正常兴奋性依赖这些离子的相互作用来维持。Ca^{2+} 和 K^+ 对心肌的应激性的影响与对神经、肌肉的应激性相反，其关系如下：

$$心肌组织应激性 \propto \frac{[Na^+]+[Ca^{2+}]+[OH^-]}{[K^+]+[Mg^{2+}]+[H^+]}$$

高钾血症时，由于 K^+ 对心肌有抑制作用，可使心舒张期延长，心率减慢，严重时可使心肌停止于舒张期。低钾血症时，常出现心律失常，严重时可使心跳停止于收缩期。

考点　无机盐的生理功能

二、钠、氯代谢

1. 含量与分布　人体内钠含量为 40～50mmol/kg 体重，其中约 40% 结合于骨骼的基质，约 50% 存在于细胞外液，约 10% 存在于细胞内液，血清钠浓度平均为 145mmol/L。氯主要存在于细胞外液，血清氯浓度平均为 103mmol/L。

2. 吸收与排泄　人体的钠与氯主要来自食盐，成人每天食盐的需要量约为 6g，其摄入量因个人饮食习惯不同而差别很大。钠和氯几乎全部被消化道吸收，两者极易被吸收，一般不会出现钠和氯的缺乏。钠和氯主要经肾随尿排出。肾对钠排出有很强的调控能力，排泄特点为：多吃多排，少吃少排，不吃不排。此外，经汗液和粪便亦可排出极少量的钠和氯，但如大量出汗或腹泻，丢失量也相当可观。

三、钾　代　谢

1. 含量与分布　人体内钾的含量约为 45mmol/kg 体重。其中约 98% 分布于细胞内液，约 2% 存在于细胞外液。正常情况下，血清钾浓度为 3.5～5.5mmol/L，而细胞内液钾浓度高达 158mmol/L。

2. 吸收与排泄　成人每天钾的需要量为 2～3g。体内钾主要来自食物，蔬菜和肉类均含有丰富的钾，故一般通过食物即可满足钾的生理需要。钾主要由肾排出，少量经肠道由粪便排出，肾对钾的排泄特点是：多吃多排，少吃少排，不吃也排。禁食或大量输液者常常出现缺钾现象，此时应注意适当补钾。临床上，如果肾功能基本正常，尽量选择口服补钾，如果选择静脉注射补钾，要坚持四不宜原则：补钾液体浓度不宜过高，量不宜过多，不宜过快或过早，见尿补钾，避免引起暂时性高血钾。

考点　肾对钠、钾的排泄特点

四、钙、磷代谢

1. 钙、磷的含量与分布　钙和磷是人体含量最丰富的无机元素。正常成人体内钙总量为 700 ~ 1400g，磷总量为 400 ~ 800g。其中 99% 以上的钙和 85% 以上的磷以羟磷灰石的形式构成骨盐，存在于骨、牙齿中；其余则以溶解状态分布于体液和软组织中。血液中的钙、磷含量很少，但它既可反映骨质代谢状况，又能反映肠道与肾对钙、磷的吸收和排泄状况。

2. 钙的吸收与排泄　由于生长发育阶段不同，机体对钙的需要量和吸收量随年龄和生理状态的不同而有较大差异。正常成人每日钙的需要量为 0.6 ~ 1.0g，儿童、孕妇及乳母需要量增加，每日钙需要量为 1.0 ~ 1.6g。十二指肠和空肠上段为钙最有效的吸收部位。钙的吸收率一般为 25% ~ 40%，当体内缺钙或钙需要量增加时，吸收率可随之增加。钙吸收受多种因素影响。

（1）活性维生素 D_3　可促进小肠对钙的吸收，是影响钙吸收的最重要因素。

（2）肠道 pH　钙盐在酸性环境中易溶解，有利于吸收，因此降低肠道 pH 能促进钙的吸收。

（3）食物成分　如食物中过多的草酸、植酸、碱性磷酸盐等可与钙形成难溶性钙盐，阻碍钙的吸收；镁盐过多也可抑制钙的吸收。

（4）年龄　钙吸收率与年龄成反比，随着年龄的增长，钙的吸收率会下降，这是导致老年人缺钙患骨质疏松的原因之一。

人体每天摄入的钙，约有 80% 从粪便排出，有 20% 从肾排出。肠道排出的钙主要为食物中未被吸收和消化液中未被重吸收的钙。

考点　影响钙吸收的因素

3. 磷的吸收与排泄　磷在食物中分布很广，成人每日磷的需要量为 1.0 ~ 1.5g。磷的吸收部位及其影响因素与钙大致相同，食物中的 Ca^{2+}、Fe^{2+} 和 Mg^{2+} 过多时，易与磷酸根结合成不溶性的盐而影响其吸收。体内的磷 60% ~ 80% 由尿排出，其余由粪便排出。故肾功能不全时可引起高血磷，使磷与血浆钙结合而在组织中沉积，从而导致某些软组织发生异位钙化。

4. 血钙、血磷

（1）血钙　血液中的钙几乎全部存在于血浆中，所以血钙主要指血浆钙（临床上一般采用血清标本来进行测定）。血钙水平仅在极小范围内波动。血钙主要以离子钙和结合钙两种形式存在，各约占 50%。结合钙绝大部分与血浆蛋白质结合，小部分与柠檬酸等结合为柠檬酸钙等。由于血浆蛋白结合钙不能透过毛细血管壁，故称为非扩散钙；离子钙和柠檬酸钙等可以透过毛细血管壁，则称为可扩散钙。血浆蛋白结合钙与离子钙之间处于动态平衡，此平衡受血液 pH 的影响。当血液 pH 下降，如尿毒症合并代谢性酸中毒的患者，Ca^{2+} 浓度升高；当血液 pH 升高，如碱中毒患者，Ca^{2+} 浓度则会下降，严重时可出现低血钙引起的抽搐现象。

（2）血磷　血磷实际上是指血浆中的无机磷，以 HPO_4^{2-} 和 $H_2PO_4^-$ 两种形式存在，前者占 80%，后者占 20%。血钙和血磷浓度保持一定的数量关系。当血钙和血磷浓度以 mg/dl 表示时，正常人 [Ca]×[P] 乘积为 35～40，当二者乘积大于 40 时，钙、磷以骨盐的形式沉积于骨组织中，有利于成骨作用；若二者乘积小于 35 时，则会影响骨组织的钙化和成骨作用，甚至会发生骨盐再溶解而产生佝偻病或软骨病。

链接

微 量 元 素

微量元素是指含量占人体体重的万分之一以下的，或每日需要量在 100mg 以下的元素。人体必需的微量元素有铁、锌、铜、碘、锰、铬、硒、钼、钴、氟等，它们对维持人体正常生理功能必不可少。微量元素绝大多数为金属元素，在体内含量相对稳定，且多以化合物或配合物的形式分布于全身组织中。微量元素主要来源于食物，在体内主要通过与蛋白质、酶、激素、维生素等结合发挥多种多样的重要作用。几种微量元素的主要生理功能如表 11-4 所示。

表 11-4　几种微量元素的主要生理功能

微量元素	主要生理功能
氟	在形成骨髓组织、牙釉质等方面有重要作用
碘	缺乏时可引起甲状腺肿大，严重缺乏时可影响生长发育
硒	缺乏时可能使心脏、关节等产生病变
铁	为血红蛋白中氧的携带者，也是很多种酶的活性成分，缺乏时引起贫血
铜	为各种金属酶的成分，参与造血过程，缺乏时可引起低色素小细胞性贫血
钴	对血红蛋白的合成、红细胞的发育成熟均有重要作用，是维生素 B_{12} 的组成部分
锌	具有促进生长发育、改善味觉等作用。儿童缺乏可见体瘦、发育迟缓等

自 测 题

单选题

1. 人体细胞外液的含量约占体重的

　　A. 5%　　　　B. 10%　　　　C. 15%

　　D. 20%　　　　E. 40%

2. 电解质是指

　　A. 体液中的各种无机盐

　　B. 细胞外液中的各种无机盐

　　C. 细胞内液中的各种无机盐

　　D. 一些低分子有机物以离子状态溶于体液中

　　E. 体液中的各种无机盐和一些低分子有机物

3. 血浆中含量最多的阳离子是

　　A. Na^+　　　　　　B. K^+

　　C. Ca^{2+}　　　　　　D. Mg^{2+}

　　E. Fe^{2+}

4. 正常成人每天最低需水量约为

　　A. 100ml　　　　B. 2000ml

　　C. 1500ml　　　　D. 2500ml

　　E. 500ml

5. 影响肠道内钙吸收的主要因素是

　　A. 肠道 pH　　　　B. 食物含钙量

　　C. 食物性质　　　　D. 肠道内草酸盐含量

　　E. 体内活性维生素 D_3 含量

6. 肾脏对 Na^+ 的排泄特点是

　　A. 多吃多排，少吃少排，不吃不排

B. 多吃多排，少吃少排，不吃也排

C. 多吃少排，少吃少排，不吃不排

D. 多吃少排，少吃少排，不吃也排

E. 多吃多排，少吃多排，不吃不排

7. 肾脏对 K^+ 的排泄特点是

A. 多吃多排，少吃少排，不吃不排

B. 多吃多排，少吃少排，不吃也排

C. 多吃少排，少吃少排，不吃不排

D. 多吃少排，少吃少排，不吃也排

E. 多吃多排，少吃多排，不吃不排

8. 体内水的去路不包括

A. 呼吸蒸发　　　　B. 皮肤蒸发

C. 粪便排出　　　　D. 肾排出

E. 呕吐排出

9. 水的生理功能不包括

A. 参与和促进物质代谢

B. 调节体温

C. 润滑作用

D. 保持组织、器官的形态、硬度和弹性

E. 维持神经肌肉的应激性

10. 若肾功能基本正常，选择静脉注射补钾下列哪一项是错误的

A. 不宜过浓　　　　B. 不宜过多

C. 不宜过快　　　　D. 宜早补

E. 见尿补钾

（李玉梅）

第*12*章
酸碱平衡

机体每天不断从外界食物中摄取不等量的酸性或碱性食物,同时在代谢过程中也不断产生不等量的酸性或碱性物质。正常情况下,机体通过一系列的调节作用,可将多余的酸性或碱性物质排出体外,使体液 pH 维持在恒定的范围内(例如,正常人的血浆 pH 7.35 ~ 7.45),此过程称为酸碱平衡。

考点 酸碱平衡的概念

第1节 体内酸碱物质的来源

一、酸性物质的来源

人体内的酸性物质和碱性物质部分来自体内物质的分解代谢,部分来自食物、药物及饮料等。正常膳食情况下人体内产生的酸性物质多于碱性物质。

(一)体内物质代谢产生

1. 挥发性酸 挥发性酸即 H_2CO_3,H_2CO_3 是由糖、蛋白质、脂肪在体内彻底氧化分解的产物 CO_2 与 H_2O 结合而成。由于 H_2CO_3 在肺部可重新分解生成 CO_2,经呼吸道排出体外,故称为挥发性酸。H_2CO_3 是体内产生量最多的酸性物质。正常成人每日可产生 CO_2 300 ~ 400L。

2. 固定酸 物质代谢产生的酸性物质如丙酮酸、乳酸、乙酰乙酸、β- 羟丁酸、硫酸、磷酸、尿酸等都不能由肺呼出,称为固定酸。

体内的酸性物质主要来源于糖、蛋白质、脂肪的分解代谢,所以富含糖、蛋白质、脂肪的谷类食物和动物性食物如大米、面粉、马铃薯、肉类等均属于成酸食物。

考点 挥发性酸、固定酸的概念

(二)体外摄入

机体通过饮食、药物可直接获得一些酸性物质,如乙酸、柠檬酸、阿司匹林、维生素 C 等。但这些外源性酸性物质数量较少。

二、碱性物质的来源

1. 体内物质代谢产生 体内物质代谢可产生少量的碱性物质,如氨、胺类物质、胆碱、胆胺等。

2. 体外摄入 蔬菜、水果中含有丰富的有机酸盐,如苹果酸、柠檬酸、草酸的钠盐或钾盐。其中的酸根离子与 H^+ 结合成有机酸后被氧化成 CO_2 与 H_2O,排出体外,剩余的 Na^+ 与 K^+ 则在血液中生成碳酸氢盐,增加了血液的碱性。所以蔬菜、水果属于成碱食物。

第 2 节　酸碱平衡的调节

机体对酸碱平衡的调节主要是通过血液的缓冲作用、肺的呼吸功能、肾的重吸收和排泄功能、组织细胞的调节四方面的作用协同来实现。

考点　酸碱平衡的调节方式

一、血液的缓冲作用

人体各部分体液都具有一定的自身调节作用，其中以血液的缓冲体系最为重要。无论是体内代谢产生，还是体外摄入的酸性或碱性物质，首先要经过血液的稀释并被血液的缓冲体系所缓冲，使其由较强的酸或碱转化为较弱的酸或碱。

（一）血液的缓冲体系

血液的缓冲体系由一系列相应的弱酸及其弱酸盐组成，又称为缓冲对。

1. 血浆的缓冲体系　血浆的缓冲体系含有下列缓冲对。

$$\frac{NaHCO_3}{H_2CO_3} \qquad \frac{Na_2HPO_4}{NaH_2PO_4} \qquad \frac{Na\text{-}Pr}{H\text{-}Pr}$$

其中，以 $NaHCO_3 / H_2CO_3$ 缓冲对最为重要。

2. 红细胞的缓冲体系　红细胞的缓冲体系含有下列缓冲对。

$$\frac{KHCO_3}{H_2CO_3} \qquad \frac{K_2HPO_4}{KH_2PO_4} \qquad \frac{K\text{-}Hb}{H\text{-}Hb} \qquad \frac{K\text{-}HbO_2}{H\text{-}HbO_2}$$

红细胞缓冲体系中以血红蛋白缓冲体系最为重要。

考点　血浆和红细胞中各自的主要缓冲体系

血浆 pH 主要取决于 $[NaHCO_3]$ 与 $[H_2CO_3]$ 的比值。正常人血浆 $NaHCO_3$ 的浓度平均为 24mmol/L，H_2CO_3 的浓度平均为 1.2mmol/L，两者比值为 20/1。血浆 pH 可以通过亨德森 - 哈塞巴（Henderson-Hasselbalch）方程式来计算：

$$pH = pK_a + \lg[NaHCO_3] / [H_2CO_3] \qquad （12\text{-}1）$$

式（12-1）中的 pK_a 是 H_2CO_3 的电离平衡常数的负对数，在 37℃时为 6.1，将此值与 $[NaHCO_3] / [H_2CO_3]$ 的比值代入式（12-1）可计算出血浆的 pH：

$$pH = 6.1 + \lg 20/1 = 6.1 + 1.3 = 7.4 \qquad （12\text{-}2）$$

由式（12-2）可见，只要血浆中 $[NaHCO_3]$ 与 $[H_2CO_3]$ 的比值保持在 20/1，血液 pH 即为 7.4，因此，血液的 pH 取决于两者浓度的相对比值而不是取决于它们的绝对浓度。若一方浓度发生改变，另一方浓度也随之改变，使两者比值接近 20/1，则血浆 pH 仍保持在 7.35 ~ 7.45。所以酸碱平衡调节的实质，就在于调节 $[NaHCO_3]$ 与 $[H_2CO_3]$ 的比值，从而维持血浆 pH 的相对恒定。

考点　血浆 pH 与 $[NaHCO_3]/[H_2CO_3]$ 的关系

$NaHCO_3$ 的浓度反映代谢性 H^+ 的过量或不足，受肾的调节，称为代谢性因素；H_2CO_3 的浓度反映呼吸性的 H^+ 过量或不足，受呼吸的调节，称为呼吸性因素。

（二）血液缓冲体系的缓冲作用

1. 对固定酸的缓冲　固定酸（HA）进入血液时，主要由 $NaHCO_3$ 进行缓冲，将酸性较强的固定酸缓冲为酸性较弱的挥发性酸（H_2CO_3），H_2CO_3 经血液循环运输到肺，在肺部分解为 H_2O 与 CO_2，CO_2 经肺呼出体外，从而使血液 pH 保持相对恒定。

$$HA + NaHCO_3 \longrightarrow NaA + H_2CO_3$$

血浆中的其他缓冲对由于含量较少，对固定酸进行缓冲后的产物也不像 H_2CO_3 那样容易被肺调节。而 $NaHCO_3$ 是血浆中含量最多的碱性物质，对固定酸的缓冲能力也最大，在一定程度上可以代表血浆对固定酸的缓冲能力，所以习惯上将血浆中 $NaHCO_3$ 的称为碱储。碱储的多少可以用二氧化碳结合力（CO_2CP）来表示。

2. 对挥发性酸的缓冲　挥发性酸主要由红细胞中的血红蛋白缓冲体系缓冲，此过程与血红蛋白的运氧过程相偶联（图 12-1）。

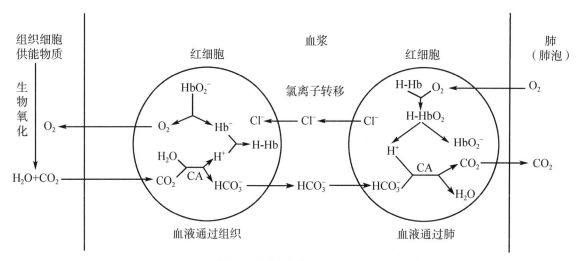

图 12-1　血红蛋白缓冲体系对 H_2CO_3 的缓冲

（1）当血液流经组织时，体内组织细胞代谢过程中产生的 CO_2 可扩散至血浆和红细胞中，红细胞中含有丰富的碳酸酐酶（CA），该酶可将 CO_2 和 H_2O 转化为 H_2CO_3，H_2CO_3 则解离成 H^+ 和 HCO_3^-。同时，红细胞内的 HbO_2^- 释放出 O_2，自身转变为 Hb^-，Hb^- 碱性较强，可与 H_2CO_3 电离出的 H^+ 结合生成酸性比 H_2CO_3 更弱的 H-Hb，使血液 pH 维持相对恒定。

经过缓冲，红细胞内 HCO_3^- 因浓度升高而向血浆转移，血浆中等量 Cl^- 进入红细胞以维持电荷平衡（氯离子转移）。

（2）当血液流经肺时，H-Hb 与 O_2 结合生成 H-HbO_2，H-HbO_2 酸性较强，可电离出 H^+ 和 HbO_2^-，H_2CO_3 则分解为 CO_2 和 H_2O，CO_2 由肺呼出，使红细胞中 HCO_3^- 浓度下降，促进血浆中 HCO_3^- 向红细胞中转移，并与 H-HbO_2 电离出的 H^+ 结合形成 H_2CO_3 以维持循环。同时 Cl^- 向血浆转移以维持电荷平衡（氯离子转移）。

3. 对碱的缓冲　当碱性物质（BOH）进入血液后，可由血浆缓冲体系中的酸性成分（H_2CO_3、NaH_2PO_4、H-Pr）进行缓冲，将较强的碱缓冲为较弱的碱。其中，H_2CO_3 含量最多，且易通过肺调节，所以是缓冲碱性物质的主要成分。

$$BOH + H_2CO_3 \longrightarrow BHCO_3 + H_2O$$

考点　对固定酸、挥发性酸及碱性物质进行缓冲的主要成分

二、肺对酸碱平衡的调节

肺通过改变肺泡通气量来控制 CO_2 的排出量，以调节血浆 H_2CO_3 浓度，保持血液正常的 pH。当血液中二氧化碳分压升高或 pH 降低时，中枢和外周化学感应器通过调节，使呼吸中枢兴奋，呼吸加深加快，CO_2 排出增多；反之，当血液中二氧化碳分压降低或 pH 升高时，呼吸中枢兴奋性下降，呼吸变浅变慢，CO_2 排出减少。肺是通过呼吸运动的频率和幅度来调节血浆 H_2CO_3 浓度，从而维持 HCO_3^- 和 H_2CO_3 的比值接近正常，以保持 pH 相对恒定。肺的调节一般在酸碱紊乱 $10 \sim 30$ 分钟后发生。

三、肾对酸碱平衡的调节

机体在代谢过程中会产生大量的酸性物质，需要不断消耗 $NaHCO_3$ 和其他碱性物质来中和，因此必须及时补充碱性物质和排出多余的酸。故肾对酸碱平衡的调节，主要以排酸保碱（$NaHCO_3$）为主，以维持血液 pH 的相对恒定。其调节机制主要是：

（一）$NaHCO_3$ 的重吸收

正常情况下，人体每天从肾小球滤过的 $NaHCO_3$ 约为 4500mmol/L，但从终尿中排出的 $NaHCO_3$ 仅为 2mmol/L，可见，99% 的 $NaHCO_3$ 被肾小管重吸收了，这其中 80%～90% 是被近曲小管重吸收的。这种重吸收作用对维持酸碱平衡极为重要。

肾小管上皮细胞中含有碳酸酐酶（CA），该酶可催化 CO_2 和 H_2O 反应生成 H_2CO_3，H_2CO_3 解离产生 H^+ 和 HCO_3^-，H^+ 被分泌至肾小管腔，同时，原尿中 $NaHCO_3$ 解离生成的 Na^+ 进入肾小管上皮细胞与 H^+ 进行交换，此过程即为 H^+-Na^+ 交换。Na^+ 进入肾小管上皮细胞，与肾小管上皮细胞内 HCO_3^- 一起被重吸收入血液形成 $NaHCO_3$。此过程没有 H^+ 的真正排出，只是管腔中的 $NaHCO_3$ 全部重吸收回血液，用以补充缓冲固定酸所消耗的 $NaHCO_3$（图 12-2）。

肾小管对 $NaHCO_3$ 的重吸收，是随着机体对 $NaHCO_3$ 的需求而改变的，当血浆 $NaHCO_3$ 浓度高于正常值时，肾小管对 $NaHCO_3$ 的重吸收减少，$NaHCO_3$ 由尿排出，使血浆 $NaHCO_3$ 含量恢复正常。

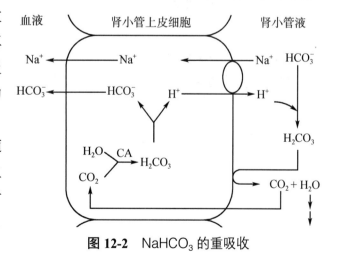

图 12-2　$NaHCO_3$ 的重吸收

（二）尿液的酸化

通过肾小球滤过产生的原尿 pH 与血浆一样平均为 7.4，原尿中 Na_2HPO_4/NaH_2PO_4 缓冲对的浓度比值也与血浆相同，为 4/1。当原尿流经远曲小管和集合管时，肾小管上皮细胞中 H_2CO_3 解离的 H^+ 进入管腔，与管腔中 Na_2HPO_4 解离出的 Na^+ 进行交换，被重吸收的 Na^+ 与

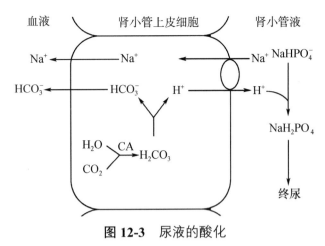

图 12-3 尿液的酸化

肾小管细胞内的 HCO_3^- 一起转运入血液形成 $NaHCO_3$，提高血浆中 $NaHCO_3$ 的浓度。H^+ 与 $NaHPO_4^-$ 转变为 NaH_2PO_4 随尿排出，结果使终尿中 Na_2HPO_4/NaH_2PO_4 缓冲对的比值降为 1/99，pH 降至 4.8 左右，这一过程称为尿液的酸化（图 12-3）。

肾远曲小管和集合管还可分泌 H^+、K^+，它们均可与 Na^+ 进行交换，分别称为 H^+-Na^+ 交换和 Na^+-K^+ 交换，二者之间存在相互抑制。当机体酸中毒时，肾远曲小管分泌 H^+ 浓度增加，H^+-Na^+ 交换加强，Na^+-K^+ 交换受抑制，造成血中 K^+ 浓度增高。

（三）泌氨作用

肾小管上皮细胞具有泌氨作用（图 12-4）。肾小管上皮细胞内的氨有两个来源，主要是由血液运来的谷氨酰胺水解产生谷氨酸和氨，也可由氨基酸的脱氨基作用产生氨。肾小管上皮细胞可将氨分泌至管腔，同时肾小管上皮细胞内的 H^+ 通过 H^+-Na^+ 交换进入管腔，二者结合为 NH_4^+，NH_4^+ 与管液中的酸根离子（Cl^-、SO_4^{2-} 等）结合成铵盐随尿排出。同时，肾小管液中的 Na^+ 重吸

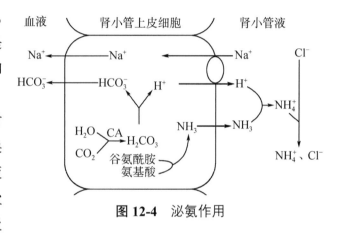

图 12-4 泌氨作用

收进入肾小管上皮细胞，与 HCO_3^- 一起进入血液形成 $NaHCO_3$，维持血浆中 $NaHCO_3$ 浓度的相对平衡。

NH_3 的分泌与 H^+ 的分泌密切相关。肾小管液中酸性越强，NH_3 的分泌越多，而随着 NH_3 的分泌，肾小管液中 H^+ 浓度降低，更有利于肾小管细胞继续分泌 H^+。反之，如果 H^+ 的分泌被抑制，尿中 NH_4^+ 的排出也会随之减少。所以，肾小管细胞的泌氨与泌 H^+ 作用相互加强，相互促进。NH_3 的分泌是肾脏调节酸碱平衡的重要机制。

肾在酸碱平衡中虽然发挥作用较慢，但作用强而持久，不仅能从根本上排出多余的酸和碱，而且能调节 $NaHCO_3$ 的含量，所以在调节酸碱平衡中起着至关重要的作用。

考点 肺和肾调节酸碱平衡的机制及特点

四、组织细胞的调节

机体大量组织细胞内液也是酸碱平衡的缓冲池，组织细胞的缓冲作用主要是通过离子交换进行的。细胞内外 H^+、K^+、Na^+ 等离子的交换可以调节细胞内外液电中性和酸碱度。例如，当细胞外液 H^+ 浓度过高时，H^+ 弥散入细胞内，而 K^+ 则移出细胞外；反之，当细胞外液 H^+ 浓度过低时，H^+ 由细胞内移出，而 K^+ 则进入细胞内。所以，酸中毒时常伴有高钾血症，碱

中毒则伴有低钾血症。

总之，上述四方面因素相互联系，相互补充，共同维持体内酸碱平衡，但在作用强度和时间上有差别。血液是调节酸碱平衡的第一道防线，虽然反应迅速但不持久，只能将较强的酸和碱缓冲为较弱的酸和碱，不能真正排出多余的酸和碱，缓冲作用还会引起 $NaHCO_3$ 和 H_2CO_3 含量的改变。肺的调节作用效能大，也很迅速，在数分钟开始发挥作用，30 分钟时作用达到最高峰，但仅对 CO_2 有调节作用。细胞内液的缓冲能力虽较强，但 3 ～ 4 小时后才发挥作用；肾的调节作用更慢，常在数小时后才发挥作用，3 ～ 5 天后作用才达高峰，但其作用强大而持久，能有效地排出固定酸，并保留 $NaHCO_3$。

第 3 节　酸碱平衡失调

案例 12-1

　　患者，女，56 岁，患慢性肾病。呼吸增快而费力，烦躁不安，尿常规检查结果示：尿 pH4.5，尿量减少；血气检查结果：pH 7.2，PCO_2 38mmHg，HCO_3^- 14mmol/L。

问题：1. 患者体内发生了哪种类型的酸碱平衡失常？

　　　　2. 机体的肺和肾是如何进行代偿调节的？

　　　　3. 为什么要给患者静脉补充 $NaHCO_3$ 溶液呢？

尽管机体对酸碱平衡有一系列完整的调节机制，但当体内酸性或碱性物质过多，超出了机体的调节能力，或机体的调节机制出现障碍时，血浆中 $NaHCO_3$ 与 H_2CO_3 的含量会发生改变，将会导致酸碱平衡失调。

一、酸碱平衡失调的基本类型

根据酸碱平衡失调的复杂程度可分为单纯型酸碱平衡紊乱和混合型酸碱平衡紊乱。根据血液 pH 是否正常可分为代偿性酸碱平衡失调（pH 为 7.35 ～ 7.45）和失代偿性酸碱平衡失调（pH 小于 7.35 或大于 7.45）。根据单纯型酸碱平衡紊乱发生的原因，可将其分为四类，分别为呼吸性酸中毒、呼吸性碱中毒、代谢性酸中毒、代谢性碱中毒。

（一）呼吸性酸中毒

由于各种原因导致呼吸功能障碍，CO_2 排出障碍，血浆 H_2CO_3 含量原发性升高而引起的酸碱平衡失调称为呼吸性酸中毒。

由于 H_2CO_3 含量原发性升高，肾小管上皮细胞 H^+ - Na^+ 交换加速，肾泌 H^+、泌 NH_3 作用增强，$NaHCO_3$ 重吸收增多，所以血浆 $NaHCO_3$ 含量继发性升高。通过这种代偿作用，如果 $[NaHCO_3]$ 与 $[H_2CO_3]$ 的浓度比值仍接近 20/1，则血液 pH 依然维持在正常范围之内，则称为代偿性呼吸性酸中毒。若 H_2CO_3 含量继续升高，超出了肾的代偿调节能力，则 $[NaHCO_3]$ 与 $[H_2CO_3]$ 的浓度比值下降，pH 随之下降，低于 7.35，称为失代偿性呼吸性酸中毒。

呼吸性酸中毒常见于肺炎、肺气肿、呼吸中枢抑制药物使用过量等。

（二）呼吸性碱中毒

各种原因引起的肺通气量过度，CO_2 排出量过多，血浆 H_2CO_3 含量原发性降低而引起的酸碱平衡失调称为呼吸性碱中毒。

由于 H_2CO_3 含量原发性降低，肾小管上皮细胞 H^+-Na^+ 交换减慢，肾泌 H^+、泌 NH_3 作用减弱，$NaHCO_3$ 重吸收减少，排出增多，所以血浆 $NaHCO_3$ 含量继发性降低。通过这种代偿作用，如果 $[NaHCO_3]$ 与 $[H_2CO_3]$ 的浓度比值仍接近 20/1，血液 pH 依然维持在正常范围之内，则称为代偿性呼吸性碱中毒。若 H_2CO_3 含量继续降低，超出了肾的调节能力，则 $[NaHCO_3]$ 与 $[H_2CO_3]$ 的浓度比值上升，pH 随之升高，高于 7.45，称为失代偿性呼吸性碱中毒。

呼吸性碱中毒常见于癔症、高热、手术麻醉时辅助呼吸过度、高山缺氧、精神过度紧张等。

（三）代谢性酸中毒

各种原因导致血浆 $NaHCO_3$ 含量原发性减少而引起的酸碱平衡失调，称为代谢性酸中毒。

代谢性酸中毒时，$NaHCO_3$ 含量原发性降低，各种原因导致血液 H^+ 浓度升高，呼吸中枢兴奋性增强，呼吸加深、加快，CO_2 排出量增多，血液 H_2CO_3 含量继发性降低。同时 H^+-Na^+ 交换加速，肾泌 H^+、泌 NH_3 作用增强，$NaHCO_3$ 重吸收增多，排出量减少。通过代偿，如果 $[NaHCO_3]$ 与 $[H_2CO_3]$ 浓度的比值仍接近 20/1，血液 pH 维持在正常范围之内，则称为代偿性代谢性酸中毒。若 $NaHCO_3$ 含量继续下降，$[NaHCO_3]$ 与 $[H_2CO_3]$ 浓度的比值降低，血液 pH 低于 7.35，则称为失代偿性代谢性酸中毒。

代谢性酸中毒是临床上最常见的酸碱平衡失调类型。常见于固定酸产生、摄入过多，如由糖尿病、哮喘等引起的酮症酸中毒；或因肾衰竭而导致 H^+ 排出受阻；肠瘘、肠液丢失过多及急性腹泻时大量丢失 $NaHCO_3$ 等。

（四）代谢性碱中毒

各种原因导致血浆 $NaHCO_3$ 含量原发性升高而引起的酸碱平衡失调，称为代谢性碱中毒。

代谢性碱中毒时，$NaHCO_3$ 含量原发性升高，导致血液 H^+ 浓度降低，呼吸中枢兴奋性降低，呼吸变浅、变慢，CO_2 排出量减少，血液 H_2CO_3 含量继发性升高。同时 H^+-Na^+ 交换减弱，肾泌 H^+、泌 NH_3 作用减弱，$NaHCO_3$ 重吸收减少，排出量增多。通过代偿，如果 $[NaHCO_3]$ 与 $[H_2CO_3]$ 浓度的比值仍接近 20/1，血液 pH 维持在正常范围之内，则称为代偿性代谢性碱中毒，如果 $[NaHCO_3]$ 与 $[H_2CO_3]$ 浓度的比值升高，血液 pH 高于 7.45，则称为失代偿性代谢性碱中毒。

代谢性碱中毒常见于剧烈呕吐引起的胃液大量流失，碱性药物摄入过多，大量使用利尿剂，低钾血症等。

考点 酸碱平衡失调的基本类型及特点

二、判断酸碱平衡的生化指标

血气分析

血气分析是用专门的仪器测定患者血液中的氧分压、二氧化碳分压、血液酸碱度及其相关的一系列指标，用于评价患者肺泡的通气和换气功能，以及组织消耗氧的情况的一项常用实验。该实验通常用动脉血测定。

目前，血气分析仪已广泛应用于临床血液分析，具有检测快捷、方便、范围广等优点。不仅能在几分钟内检测出患者血液中的氧气、二氧化碳等气体的含量和血液酸碱度及相关指标的变化，还能快速反映血液中钾、钠、钙的含量，为危重患者抢救中快速、准确地检测提供了有力保障。

（一）血液 pH

血液 pH 可用于衡量酸碱平衡的程度。正常人血液 pH 为 7.35 ～ 7.45，平均为 7.40。pH 高于 7.45，为失代偿性碱中毒，pH 低于 7.35，为失代偿性酸中毒。血液 pH 并不能反映酸碱平衡失调属于呼吸性酸碱中毒还是代谢性酸碱中毒。

（二）二氧化碳分压

二氧化碳分压（PCO_2）是指物理溶解于血浆中的 CO_2 所产生的张力。正常动脉血 PCO_2 为 35 ～ 45mmHg，平均为 40mmHg。PCO_2 可反映肺泡的通气量水平，是反映呼吸性成分的指标。PCO_2 大于 45mmHg，说明肺通气量不足，体内 CO_2 蓄积，H_2CO_3 含量升高，见于原发性呼吸性酸中毒；PCO_2 小于 35mmHg，说明肺通气过度，CO_2 排出过多，H_2CO_3 含量降低，见于原发性呼吸性碱中毒。

（三）二氧化碳结合力

二氧化碳结合力（CO_2CP）是指温度为 25℃、动脉血 PCO_2 为 40mmHg 时，血浆中以 $NaHCO_3$ 形式存在的 CO_2 的量。正常值为 22 ～ 31mmol/L，平均为 27mmol/L。

CO_2CP 主要反映 $NaHCO_3$（碱储）的含量，既受代谢性因素的影响，也受呼吸性因素的影响。CO_2CP 降低，见于代谢性酸中毒或呼吸性碱中毒；CO_2CP 升高，见于代谢性碱中毒或呼吸性酸中毒。

（四）标准碳酸氢盐和实际碳酸氢盐

标准碳酸氢盐（SB）是指在标准条件下（温度 37℃，PCO_2 为 40mmHg，血氧饱和度为 100%）所测得的血浆中 $NaHCO_3$ 的含量。SB 只受代谢性因素的影响，不受呼吸性因素的影响，是判断代谢性酸碱中毒的重要指标。实际碳酸氢盐（AB）是指在隔绝空气的条件下所测得的血浆中 $NaHCO_3$ 的实际含量，AB 既受代谢性因素的影响，又受呼吸性因素的影响。正常人 AB=SB，都在 21 ～ 27mmol/L 的范围内，平均为 24mmol/L。

自 测 题

一、名词解释

1. 酸碱平衡　2. 挥发性酸　3. 固定酸　4. PCO_2

5. CO_2CP

二、填空题

1. 正常人血液的 pH 为＿＿＿＿＿＿＿＿。机体调节酸碱平衡的方式有＿＿＿＿＿＿＿＿、＿＿＿＿＿＿、＿＿＿＿＿、＿＿＿＿＿四种。

2. 血浆主要缓冲对是＿＿＿＿＿，红细胞中的主要缓冲对是＿＿＿＿＿。

3. 肺通过调节血浆＿＿＿＿＿的浓度来维持机体的酸碱平衡。

4. 肾排酸保碱维持机体酸碱平衡的三种机制是＿＿＿＿＿、＿＿＿＿＿和＿＿＿＿＿。

5. 血浆 pH 的大小主要取决于＿＿＿＿＿＿的比值。

三、单选题

1. 机体在分解代谢过程中产生的最多的酸性物质是（　　）
   A. 碳酸　　　　B. 乳酸　　　　C. 丙酮酸
   D. 磷酸　　　　E. 硫酸

2. 正常人血液 pH 为 7.4 时，血浆 $NaHCO_3$ 与 H_2CO_3 的浓度比值是（　　）
   A. 4∶1　　　B. 20∶1　　　C. 1∶20
   D. 1∶4　　　E. 10∶1

3. 对挥发酸进行缓冲的最主要物质是（　　）
   A. 碳酸氢钠　　　　B. 无机磷酸盐
   C. 碳酸氢钾　　　　D. 血红蛋白
   E. 蛋白质

4. 对固定酸进行缓冲的主要系统是（　　）
   A. 碳酸氢盐缓冲系统
   B. 磷酸盐缓冲系统
   C. 血浆蛋白缓冲系统
   D. 还原血红蛋白缓冲系统
   E. 氧合血红蛋白缓冲系统

5. 从肾小球滤过的碳酸氢钠被重吸收的主要部位是（　　）
   A. 肾小球　　　　　B. 近曲小管
   C. 髓袢　　　　　　D. 致密斑
   E. 远曲小管

6. 引起呼吸性碱中毒的主要原因是（　　）
   A. 吸入 CO_2 过少　　B. 输入 $NaHCO_3$ 过多
   C. 肺泡通气量减少　　D. 输入库存血
   E. 呼吸中枢兴奋，肺通气量增大

7. 临床上最常见的酸碱平衡失调的类型是（　　）
   A. 呼吸性酸中毒　　　B. 呼吸性碱中毒
   C. 代谢性酸中毒　　　D. 代谢性碱中毒
   E. 呼吸性酸中毒和代谢性酸中毒

8. 呼吸性酸中毒的原发性改变是（　　）
   A. $NaHCO_3$ 含量上升
   B. $NaHCO_3$ 含量下降
   C. H_2CO_3 含量上升
   D. H_2CO_3 含量下降
   E. CO_2CP 下降

9. 代谢性酸中毒的原发性改变是（　　）
   A. $NaHCO_3$ 含量上升
   B. $NaHCO_3$ 含量下降
   C. H_2CO_3 含量上升
   D. H_2CO_3 含量下降
   E. CO_2CP 上升

10. 体内挥发性酸主要通过（　　）排出。
   A. 呼吸　　　　　　B. 粪便
   C. 尿液　　　　　　D. 胆汁
   E. 汗液

四、简答题

1. 简述肾在调节酸碱平衡中的作用。

2. 机体是如何调节酸碱平衡的？

3. 酸碱平衡失调有哪些类型，各有什么特点？

（孙江山）

实验指导

实验一　酶的专一性

【实验目的】　通过实验，验证酶对底物催化的专一性。

【实验原理】　唾液淀粉酶可将淀粉水解成麦芽糖及少量葡萄糖，二者均属还原性糖，能使本尼迪克特试剂（又称班氏试剂）中的二价铜离子还原成一价亚铜离子，生成砖红色氧化亚铜（Cu_2O）沉淀。但唾液淀粉酶不能催化蔗糖水解，且蔗糖本身也不具有还原性，故不能与班氏试剂发生颜色反应。以此证明酶对底物催化的专一性。

【实验器材】　试管、试管架、试管夹、滴管、蜡笔、烧杯、恒温水浴箱、沸水浴箱、电子秤等。

【实验试剂】

1. 1% 淀粉溶液　称取可溶性淀粉 1g，加 5ml 蒸馏水调成糊状，再加 80ml 蒸馏水，加热并不断搅拌，使其充分溶解，冷却后用蒸馏水稀释至 100ml。此液需新鲜配制。

2. 1% 蔗糖溶液　称取 1g 蔗糖，加蒸馏水至 100ml 溶解。

3. pH 6.8 缓冲溶液　取 0.2mol/L Na_2HPO_4 溶液 154.5ml，0.1mol/L 柠檬酸溶液 45.5ml，混合后即成。

4. 班氏试剂

（1）甲液：溶解结晶硫酸铜（$CuSO_4 \cdot 5H_2O$）17.3g 于 100ml 热的蒸馏水中，冷却后稀释至 150ml。

（2）乙液：取柠檬酸钠 173g 和无水碳酸钠 100g 于 600ml 蒸馏水中，加热溶解，冷却后稀释至 850ml。

最后把甲液缓慢倒入乙液中，混匀后即成。此试剂可长期保存。

5. 稀释唾液　用清水漱口，清除食物残渣。含蒸馏水 15 ～ 30ml 做咀嚼动作，2 分钟后将稀释唾液收集于样品杯中备用（唾液淀粉酶的活性存在个体差异，且受唾液稀释倍数影响，须事先确定稀释倍数）。另外，从其中取出少量（约 5ml），加热煮沸。

【实验步骤】　取 3 支试管，编号，按下表所示加入试剂。

管号	1% 淀粉溶液	1% 蔗糖溶液	稀释唾液	pH6.8 缓冲溶液
1	10 滴	—	5 滴	20 滴
2	10 滴	—	—	20 滴
3	—	10 滴	5 滴	20 滴

各管混匀后置于 37℃水浴中保温 5 ～ 10 分钟。取出各管分别加班氏试剂 20 滴，混匀

后置于沸水浴中煮沸，可用试管夹帮助置于沸水浴箱的孔内（也可用酒精灯加热，但要小心防范溶液煮沸时喷出）。观察结果并做记录。

【实验结果】

1. 如实填写以下实验结果，并对原因作简单解释。

管号	颜色、沉淀	原因
1		
2		
3		

2. 试以唾液淀粉酶为例，解释酶的专一性。

（高宝珍）

实验二   温度、pH、激活剂、抑制剂对酶促反应的影响

【实验目的】   通过实验，观察温度、pH、激活剂、抑制剂对酶促反应的影响。

【实验原理】   酶促反应在低温时，反应速度较慢甚至停止；随着温度升高，反应速度逐渐加快；当达到最适温度时，酶促反应速度达到最大值，人体最适温度在 37℃ 左右。如温度过高，酶促反应速度反而会下降，甚至停止，这是由于酶蛋白因高温变性失活之故。

酶活性与溶液的 pH 有关。pH 既影响酶蛋白质本身构象，也影响底物的解离程度，从而改变酶与底物的结合和催化作用，故每种酶都有其自身最适 pH 的作用环境，过酸或过碱均可引起酶蛋白质变性而降低或失去活性。唾液淀粉酶的最适 pH 为 6.8，氯离子对该酶活性有激活作用，铜离子则有抑制作用。

本实验采用碘与淀粉及其水解产物（大分子糊精、麦芽糖）的颜色反应，来比较唾液淀粉酶在不同条件下催化淀粉水解的速度，从而判断温度、pH、激活剂、抑制剂对酶促反应的影响。

淀粉 ⟶ 糊精 ⟶ 麦芽糖

（与碘反应呈蓝色）（与碘反应呈紫红色至红色）（与碘反应不呈色）

【实验器材】   试管、试管架、试管夹、滴管、蜡笔、恒温水浴箱、沸水浴箱、冰浴（冰箱）等。

【实验试剂】

1. 1% 淀粉溶液（见实验一）。

2. 新配制的稀释唾液（见实验一）。

3. 不同 pH 缓冲溶液。

（1）pH6.8 缓冲溶液（见实验一）。

（2）pH5.0 缓冲溶液：取 $0.2mol/L$ Na_2HPO_4 溶液 515ml，$0.1mol/L$ 柠檬酸溶液 485ml，混合后即成。

（3）pH8.0 缓冲溶液：取 0.2mol/L Na$_2$HPO$_4$ 溶液 972ml，0.1mol/L 柠檬酸溶液 28ml，混合后即成。

4. 0.9%NaCl 溶液（即生理盐水）。

5. 1%CuSO$_4$ 溶液　取 CuSO$_4$·5H$_2$O 15.625g 溶于 1000ml 的蒸馏水中。

6. 碘液　取碘 2g，碘化钾 4g，共溶于 1000ml 的蒸馏水中，储存于磨口玻璃瓶待用。

【实验步骤】

1. 温度对酶活性的影响

（1）取 3 支试管，标号，按下表所示加入试剂。

管号	1% 淀粉溶液	pH6.8 缓冲溶液
1	5～10 滴	15～20 滴
2	5～10 滴	15～20 滴
3	5～10 滴	15～20 滴

（2）混匀后，3 支试管分别置于冰浴、沸水浴、恒温水浴箱（37℃）中预热 5 分钟，再向各管加入稀释唾液 5 滴，继续在原水浴中放置 10 分钟。

（3）取出各管，各滴加碘液 1 滴（切忌摇动），观察颜色并记录结果。

2. pH 对酶活性的影响（如果时间紧，本实验可仅作示教）

（1）取 3 支试管，编号，按下表所示加入试剂。

管号	pH5.0 缓冲溶液	pH6.8 缓冲溶液	pH8.0 缓冲溶液	1% 淀粉溶液	稀释唾液
1	15 滴	—	—	5 滴	5 滴
2	—	15 滴	—	5 滴	5 滴
3	—	—	15 滴	5 滴	5 滴

（2）将各管混匀，同时置于恒温水浴箱（37℃）中 10 分钟。

（3）取出各管，各滴加碘液 1 滴（切忌摇动），观察颜色并记录结果。

3. 激活剂、抑制剂对酶活性的影响

（1）取 3 支试管，编号，按下表所示加入试剂。

管号	蒸馏水	0.9%NaCl 溶液	1%CuSO$_4$ 溶液	pH8.0 缓冲溶液	1% 淀粉溶液	稀释唾液
1	10 滴	—	—	15 滴	5 滴	5 滴
2	—	10 滴	—	15 滴	5 滴	5 滴
3	—	—	10 滴	15 滴	5 滴	5 滴

（2）将各管混匀，同时置于恒温水浴箱（37℃）中 10 分钟。

（3）取出各管，各滴加碘液 1 滴（切忌摇动），观察颜色并记录结果。

【实验结果】

1. 根据实验结果，正确填写下列各表，并简单分析。

（1）温度对酶促反应的影响

管号	加碘后颜色	原因
1（冰浴）		
2（沸水浴）		
3（恒温水浴）		

（2）pH 对酶促反应的影响

管号	加碘后颜色	原因
1（pH5.0）		
2（pH6.8）		
3（pH8.0）		

（3）激活剂和抑制剂对酶促反应的影响

管号	加碘后颜色	原因
1（蒸馏水）		
2（0.9%NaCl）		
3（1%CuSO$_4$）		

2. 加入碘液观察结果以前，切忌摇动。观察后把不起蓝色反应的试管摇动几下或再滴加碘液，很可能变为蓝色。为什么？

（高宝珍）

实验三　琥珀酸脱氢酶的作用及其抑制

【实验目的】

1. 掌握测定琥珀酸脱氢酶活性的简易方法及其原理。

2. 了解丙二酸对琥珀酸脱氢酶的竞争性抑制作用。

【实验原理】　存在于心肌、骨骼肌、肝脏等组织中的琥珀酸脱氢酶，能使琥珀酸脱氢生成延胡索酸，脱下的氢可使甲烯蓝褪色，将其还原为甲烯白。反应如下：

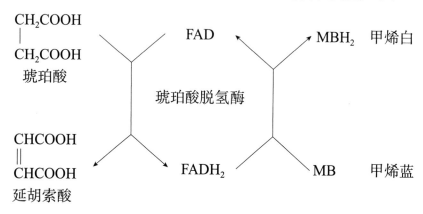

草酸、丙二酸等在结构上与琥珀酸相似，可与琥珀酸竞争与琥珀酸脱氢酶的活性中心结合。若该酶已与丙二酸等结合，则不能再与琥珀酸结合而使之脱氢，对其产生抑制作用，且抑制程度取决于琥珀酸与抑制剂在反应体系中浓度的相对比例，所以这种抑制是竞争性抑制。本实验通过观察由不同浓度的琥珀酸与丙二酸组成的反应体系中，使等量甲烯蓝褪色所需的时间，从而验证丙二酸对琥珀酸的竞争性抑制作用。

【实验器材】 家兔、组织剪、试管、试管架、滴管、高速组织捣碎机或研钵、恒温水浴箱等。

【实验试剂】

1. 0.1mol/L 磷酸盐缓冲液（pH7.4） 称取 0.1mol/L Na_2HPO_4 溶液 81ml 和 0.1mol/L NaH_2PO_4 溶液 19ml，二者混合即成，4℃冰箱保存。

2. 1.5% 琥珀酸钠溶液 称取 1.5g 琥珀酸钠，加蒸馏水至 100ml。

3. 1% 丙二酸钠溶液 称取 1g 丙二酸钠，加蒸馏水至 100ml。

4. 0.02% 甲烯蓝溶液 称取 0.02g 甲烯蓝溶液，加蒸馏水至 100ml。

5. 液体石蜡。

【实验步骤】

1. 将家兔空气栓塞致死后，迅速取出其大腿肌肉或肝组织，加入 0 ～ 4℃的 pH7.4 磷酸盐缓冲液，用高速组织捣碎机或研钵制备成 20% 匀浆。

2. 取试管 4 支，编号，按下表所示加入试剂。

管号	20% 匀浆液	1.5% 琥珀酸钠溶液	1% 丙二酸钠溶液	蒸馏水	0.02% 甲烯蓝溶液
1	10 滴	10 滴	—	20 滴	5 滴
2	10 滴	10 滴	10 滴	10 滴	5 滴
3	—	10 滴	10 滴	20 滴	5 滴
4	10 滴	20 滴	10 滴	—	5 滴

3. 将各试管溶液混匀，各加少量液体石蜡覆盖在溶液液面上，然后将试管放入 37℃ 水浴中保温。

4. 在 15 分钟内观察各管颜色的改变，并做记录。

【实验结果】

1. 根据实验结果（颜色变化），正确填写下表内容，并分析原因。

管号	实验现象	原因
1		
2		
3		
4		

2. 为什么要在各管液面上覆盖液体石蜡？

3. 各管中的反应体系配好后为什么不能再摇动？

4. 4 号试管设置的目的是什么？

（孙江山）

实验四　肝中酮体的生成作用

【实验目的】　通过实验证明酮体的生成是肝脏特有的功能。

【实验原理】　本实验以丁酸为底物，与新鲜肝匀浆（含有肝组织中的酮体生成酶系）混合后保温，即有酮体生成。酮体中的乙酰乙酸和丙酮可与显色粉中的亚硝基铁氰化钠反应，生成紫红色化合物。

肌肉组织匀浆（以下称肌匀浆）里不含催化酮体生成的酶系，不能催化丁酸生成酮体，故不产生显色反应。

$$\text{丁酸} \xrightarrow[\text{肝匀浆}]{\text{酮体生成酶系}} \text{酮体} \xrightarrow[\text{显色粉}]{\text{亚硝基铁氰化钠}} \text{紫红色化合物}$$

$$\text{丁酸} \xrightarrow[\text{肌匀浆}]{} \text{无酮体} \xrightarrow[\text{显色粉}]{\text{亚硝基铁氰化钠}} \text{无紫红色化合物}$$

【实验材料】

1. 动物　家兔（或豚鼠）1 只。

2. 器材　组织剪、试管架、试管、记号笔、滴管、高速组织捣碎机或研钵、离心机、恒温水浴箱、白瓷反应板等。

【实验试剂】

1. 0.9% 氯化钠溶液。

2. 洛克溶液（取氯化钠 0.9g、氯化钾 0.042g、氯化钙 0.024g、碳酸氢钠 0.02g、葡萄糖 0.1g，加少量蒸馏水溶解后，再加蒸馏水稀释至 100ml）。

3. 0.5mol/L 丁酸溶液（取正丁酸 44.0g，溶于适量 0.1mol/L 氢氧化钠溶液，再加 0.1mol/L 氢氧化钠溶液稀释至 1000ml）。

4. pH7.6 的磷酸盐缓冲液（取 $Na_2HPO_4 \cdot 2H_2O$ 7.74g，$NaH_2PO_4 \cdot H_2O$ 0.897g，加蒸馏水稀释至 500ml。精测 pH 至 7.6）。

5. 15% 三氯乙酸溶液。

6. 显色粉（取亚硝基铁氰化钠 1g、无水碳酸钠 30g、硫酸铵 50g，混合研匀即得）。

【实验步骤】

1. 制备肝匀浆和肌匀浆　取家兔（或豚鼠），处死后迅速取其肝脏和肌肉组织，用 0.9% 氯化钠溶液冲洗除去血渍并用组织剪剪碎，分别放入高速组织捣碎机或研钵内，按 3ml/g 加入 0.9% 氯化钠溶液，充分研磨，制成肝匀浆和肌匀浆。

2. 取 4 支试管，编号，按下表所示加入试剂。

试剂	1 号管	2 号管	3 号管	4 号管
洛克溶液	15 滴	15 滴	15 滴	15 滴
0.5mol/L 丁酸溶液	30 滴	—	30 滴	30 滴

续表

试剂	1 号管	2 号管	3 号管	4 号管
pH7.6 的磷酸盐缓冲液	15 滴	15 滴	15 滴	15 滴
肝匀浆	20 滴	20 滴	—	—
肌匀浆	—	—	—	20 滴
蒸馏水	—	30 滴	20 滴	—

3. 将各管摇匀，放置 37℃恒温水浴箱中保温 40 分钟。

4. 取出各管，分别加入 15% 三氯乙酸溶液 20 滴，摇匀；离心（3000r/min）5 分钟。

5. 用滴管分别吸取上述 4 管中的上清液各 10 滴，滴于白瓷反应板的 4 个凹槽中，再向各凹槽中分别加显色粉约 0.1g，观察所产生的颜色反应。

【实验结果】

1. 根据实验结果（颜色变化），正确填写下表内容，并分析原因。

管号	实验现象	原因
1		
2		
3		
4		

2. 比较分析本次实验结果，说明酮体生成的部位。

3. 讨论酮体代谢的特点及生理意义。

（柳晓燕）

实验五　谷丙转氨酶活性测定（赖氏法）

【实验目的】　验证谷丙转氨酶（GPT，又称丙氨酸转氨酶，ALT）在不同组织中活性大小不同。

【实验原理】　L- 丙氨酸和 α- 酮戊二酸在 ALT（最适 pH 为 7.4）的催化下反应生成丙酮酸和 L- 谷氨酸，丙酮酸与 2, 4- 二硝基苯肼作用，生成丙酮酸 -2, 4- 二硝基苯腙，其在碱性条件下显棕红色。在其他影响因素不变的情况下，颜色深浅与酶活性成正比。本实验以肝和肌肉组织进行比较。

$$L\text{-丙氨酸} + \alpha\text{-酮戊二酸} \xleftrightarrow{\text{ALT}} \text{丙酮酸} + L\text{-谷氨酸}$$

$$\text{丙酮酸} + 2,4\text{-二硝基苯肼} \xrightarrow{-H_2O} \text{丙酮酸-2,4-二硝基苯腙}$$

【实验器材】　恒温水浴箱、试管、试管架、滴管、研钵和细砂、滤纸、漏斗、解剖器材、脱脂棉等。

【实验试剂】

1. 0.1mol/L 磷酸盐缓冲液（pH 为 7.4） 称取 Na_2HPO_4 11.928g、KH_2PO_4 2.176g，加蒸馏水溶解并稀释至 1000ml。

2. ALT 基质液 称取 L-丙氨酸 1.79g 和 α-酮戊二酸 29.2mg 于烧杯中，加 0.1mol/LpH 为 7.4 磷酸盐缓冲液 80ml，煮沸溶解后待冷，用 1mol/L NaOH 溶液调节 pH 至 7.4（约加 0.5ml），再用 0.1mol/L pH 为 7.4 磷酸盐缓冲液稀释至 100 ml，混匀加氯仿数滴，置冰箱保存数周。

3. 2,4-二硝基苯肼 称取 2,4-二硝基苯肼 19.8mg，用 10mol/L HCl 10ml 溶解后，加蒸馏水至 100ml，置于棕色瓶内，置冰箱保存。

4. 0.4mol/L NaOH 溶液 将 16g NaOH 溶解于适量蒸馏水中，加蒸馏水至 1000ml。

5. 0.9% 氯化钠溶液。

【实验步骤】

1. 肝浸提液和肌浸提液的制备 将家兔处死后，立即取其肝脏和大腿肌肉，分别以 0.9% 氯化钠溶液洗去血液，再用滤纸吸去多余生理盐水。取新鲜肝和肌组织各 10g，分别剪碎并放于研钵中，各加入 pH 为 7.4 的 0.1mol/L 磷酸盐缓冲液 10ml，加细砂研碎，研成匀浆后再加 pH 为 7.4 磷酸盐缓冲液 20ml 混匀，用脱脂棉过滤，此即为肝和肌的浸提液。

2. 取试管 3 支，编号，按下表所示操作。

加入物或操作	空白管	1 号管	2 号管
ALT 基质液	1ml+3 滴	1ml	1ml
肝浸提液	—	3 滴	—
肌浸提液	—	—	3 滴
37℃水浴	20 分钟	20 分钟	20 分钟
2,4-二硝基苯肼	10 滴	10 滴	10 滴
37℃水浴	20 分钟	20 分钟	20 分钟
0.4mol/L NaOH 溶液	5ml	5ml	5ml

比较三管颜色变化。

【实验结果】

1. 根据实验结果，正确填写下表内容，并对实验结果简单分析。

管号	颜色变化	结果分析
空白管		
1		
2		

2. 说明 ALT 活性测定的临床意义。

（朱荣富）

主要参考文献

晁相蓉 . 2022. 生物化学基础 . 3 版 . 北京：科学出版社 .

陈孝英 . 2013. 生物化学基础 . 北京：科学出版社 .

程伟 . 2007. 生物化学 . 2 版 . 北京：科学出版社 .

黄纯 . 2015. 生物化学 . 3 版 . 北京：科学出版社 .

李秀敏，张文利 . 2011. 生物化学 . 北京：科学出版社 .

刘家秀 . 2015. 生物化学（案例版）. 北京：科学出版社 .

田华 . 2012. 生物化学 . 3 版 . 北京：科学出版社 .

田余祥 . 2013. 生物化学 . 北京：科学出版社 .

杨淑兰，张玉环 . 2010. 生物化学基础 . 北京：科学出版社 .

赵瑞巧 . 2014. 生物化学 . 2 版 . 北京：科学出版社 .

赵勋麒，王懿，莫小卫 . 2016. 生物化学基础 . 北京：科学出版社 .

自测题单选题参考答案

第 2 章

1. C 2. D 3. C 4. B 5. B 6. C 7. C 8. E 9. D 10. C 11. B 12. E 13. D

第 3 章

1. B 2. B 3. B 4. E

第 4 章

1. D 2. B 3. E

第 5 章

1. C 2. C 3. A 4. E 5. E 6. C 7. E

第 6 章

1. D 2. D 3. B 4. D 5. C 6. E 7. C 8. E 9. C 10. B

第 7 章

1. D 2. A 3. C 4. D 5. D 6. A 7. E 8. C 9. B 10. D

第 8 章

1. B 2. C 3. B 4. C 5. A 6. D 7. D 8. B 9. B

第 9 章

1. A 2. A 3. C 4. C 5. E

第 10 章

1. E 2. C 3. C 4. B 5. D

第 11 章

1. D 2. E 3. A 4. C 5. E 6. A 7. B 8. E 9. E 10. D

第 12 章

1. A 2. B 3. D 4. A 5. B 6. E 7. C 8. C 9. B 10. A